猫

解剖学与组织学图谱

李 翔　刘志军　著

MAO

JIEPOUXUE YU
ZUZHIXUE TUPU

U0254252

化学工业出版社
·北京·

图书在版编目（CIP）数据

猫解剖学与组织学图谱/李翔，刘志军著．—北京：
化学工业出版社，2019.9
ISBN 978-7-122-34737-4

Ⅰ．①猫…　Ⅱ．①李…②刘…　Ⅲ．①猫－动物解剖
学－图谱②猫－动物组织学－图谱　Ⅳ．①Q959.838-64

中国版本图书馆CIP数据核字（2019）第128077号

责任编辑：邵桂林　　　　　　　　　　　　　　　装帧设计：史利平
责任校对：宋　玮

出版发行：化学工业出版社（北京市东城区青年湖南街13号　邮政编码100011）
印　　装：大厂聚鑫印刷有限责任公司
787mm×1092mm　1/16　印张9¾　字数232千字　2019年9月北京第1版第1次印刷

购书咨询：010-64518888　　　　　　　　　　售后服务：010-64518899
网　　址：http://www.cip.com.cn
凡购买本书，如有缺损质量问题，本社销售中心负责调换。

前　言

　　近年来，随着人民生活水平的不断提高和宠物养殖业的迅速发展，猫已广泛成为全世界家庭的宠物，亟需一部关于猫形态学知识的图谱面世。因此，我们编写了《猫解剖学与组织学图谱》一书。本书收录了猫十大系统的共10章约300幅图片，突出展示了猫外貌特征、消化系统、循环系统、泌尿系统、神经系统、内分泌系统、免疫系统及生殖系统等的独特解剖形态组织学特点，可为在校学生和科研工作者提供一定的理论与实践指导。猫属于哺乳纲、猫科哺乳类动物，了解其形态学知识，能够为健康饲养、研究及防治疾病提供一定的基础。

　　本书收录丰富的图片，极大缩减了文字内容，从而增加了形态学书籍直观、形象、生动的特征，有效地降低了文字内容过于枯燥的难题，并提高趣味性。本书为一本图文并茂的形态学工具书，通过结合临床实践使读者意识到所学的知识在实践中的作用与价值，增强读者认识和理解解剖与组织结构的乐趣。本书的基本理念是重点强调猫机体各系统之间的紧密联系，同时也强调内脏器官重要的形态和功能，能帮助读者综合地学习猫科学知识。本书是全面、深入、细致地展示猫机体、系统器官的宏观形态结构的彩色图谱书，适用于科研、生产及教学等多种用途。

　　本书由河南科技大学动物科技学院李翔和刘志军著，得到"李翔博士科研启动费"（项目编号：13480085）的支持。本书在编写过程中还得到了河南科技大学动物科技学院李健老师和王宏伟老师的大力支持，在此表示衷心感谢。

　　图谱编撰是一项复杂的系统性工程，尽管笔者付出了最大的努力与辛劳，鉴于水平及时间有限，不妥之处在所难免，欢迎专家学者及广大读者给予宝贵意见，以期在以后的工作中不断改进。

著者

2019年7月

目　录

第一章
■ 外 貌 特 征 ■

　　猫属于哺乳纲、猫科动物，由古埃及的沙漠猫和波斯的波斯猫驯化而成，已经成为全世界家庭的主要宠物之一。

一、外观特征 ■■■

　　猫的身体分为头部、躯干和四肢三部分，见图1-1、图1-2。

　　头部包括颅部和面部。猫头圆、面部短，外形像狸和虎。猫眼睛有黄色（从浅黄到深黄）、蓝色、琥珀色、紫铜色、绿色、浅棕色等多种颜色。躯干包括颈部、背胸部、腰腹部、荐臀部和尾部。颈部分为颈背侧部、颈侧部和颈腹侧部。背胸部分为背部、肋部和胸部。腰腹部分为腰部和腹部。猫腰短，腹部有乳头，见图1-3、图1-4。荐臀部分为荐部和臀部，尾部位于荐部后，猫尾长，见图1-5。尾根腹侧有肛门和泌尿生殖器官，见图1-6。四肢包括前肢和后肢。前肢分为肩部、臂部、前臂部和前脚部。后肢分为股部、小腿部和后脚部。猫躯体各部见图1-1～图1-9。

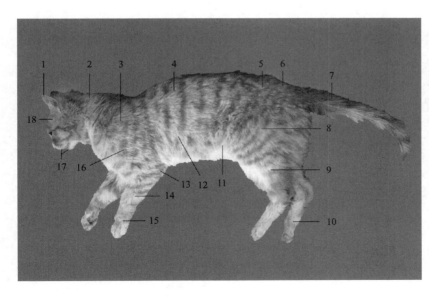

图1-1　全身左侧观

1—耳；2—颈部；
3—肩部；4—背部；
5—腰部；6—臀部；
7—尾部；8—股部；
9—小腿部；10—跖部；
11—腹部；12—胸部；
13—肘；14—前臂部；
15—掌部；16—臂部；
17—唇部；18—额部

图1-2　卧姿

图1-3　胸腹部皮肤

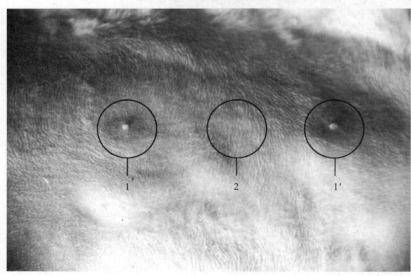

图1-4　腹部乳头
1,1′—乳头；2—皮肤

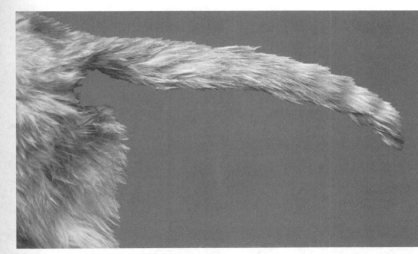

图1-5 尾

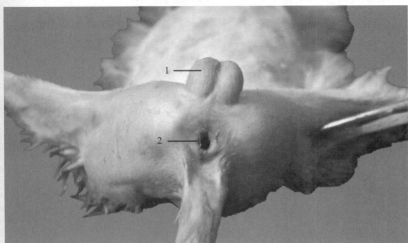

图1-6 睾丸
1—睾丸；2—肛门

图1-7 面部
1—耳；2—眼；3—须；
4—鼻；5—前腿

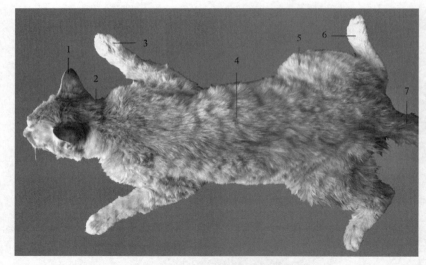

图1-8 全身背侧观

1—耳；2—颈部；
3—前脚；4—背部；
5—股部；6—后脚；
7—尾部

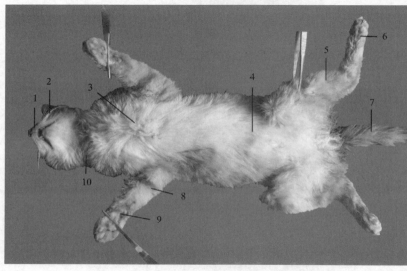

图1-9 全身腹侧观

1—唇；2—须；
3—胸部；4—腹部；
5—小腿；6—后脚；
7—尾部；8—前臂；
9—前脚；10—颈部

猫被毛柔软，有黄色、黑色、白色、灰色及杂色等各种颜色；猫大多数部位被毛，少数为无毛猫。无毛猫仅在唇、鼻、耳、尾前部及脚等部位有薄层柔软的胎毛，其他部位无毛，皮肤有弹性，并形成许多皱褶，如加拿大无毛猫（又称斯芬克斯猫）。猫皮肤下皮肌丰富。

二、牙齿 ▪▪▪

猫的牙齿包括前部的门齿、犬齿和两侧的臼齿，见图1-10、图1-11。门齿小而不发达，犬齿非常发达，尖锐锋利，适合扑咬，臼齿的咀嚼面粗糙，并有尖锐的突起，利于咀嚼。

三、四肢 ▪▪▪

猫前肢有五指，后肢有四趾，指端和趾端有伸缩灵活、弯曲、锐利的爪。足底有脂肪质肉垫（足垫）（见图1-12），行走轻巧，并因此不易摔伤，从而产生"猫有九条命"的传说。

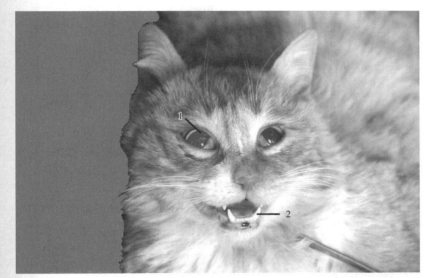

图 1-10　眼与牙齿
1—眼；2—齿

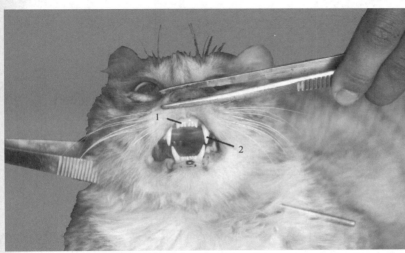

图 1-11　牙齿
1—切齿；2—犬齿

图 1-12　足垫
1—脚部；2—肉垫

前臂静脉和后肢隐静脉常用于猫采血、静脉注射和空气注射处死，操作方法为夹紧静脉近心端使其膨胀隆起，然后向心方向进针。一般情况下，进针位置为静脉远心端较细的部位；如果需要多次进针，应依次向近心端靠近寻找合适的进针部位。进针角度为约45度，针尖向下刺入，然后平行血管插入约1厘米即可。

四、皮肤 ▪▪▪

猫皮肤下皮肌、脂肪和筋膜丰富，见图1-13、图1-14。猫皮肤覆盖在机体表面，与外界直接接触，能保护体内各种组织和器官免受物理性、机械性、化学性和病原微生物性的侵袭，同时具有排泄、产生触觉和调节体温的作用。

皮肤是机体面积最大的器官，由表皮和真皮两部分组成，借皮下组织与深层组织相连。猫皮肤表皮发达，表皮位于皮肤浅层，由角化的复层扁平上皮组成。表皮细胞分为两大

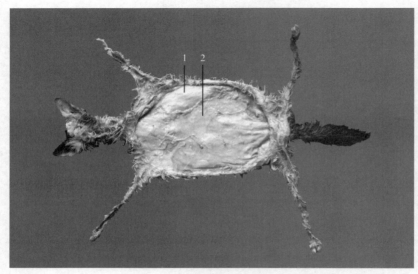

图1-13　皮肤1
1—皮肤；2—皮肌

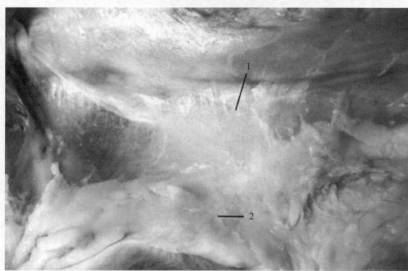

图1-14　皮肤2
1—皮下筋膜；
2—皮下脂肪

类：一类是角质形成细胞，构成表皮的主体，分层排列；另一类是非角质形成细胞，散在于角质形成细胞之间。表皮由深至浅，分为基底层、棘层、颗粒层、透明层和角质层五层结构，其主要功能是合成角蛋白，参与表皮角化。真皮位于表皮下，由致密结缔组织组成，可分为乳头层和网织层两层。真皮内腺体丰富，含有触觉器官。猫耳和足垫皮肤具有典型的皮肤结构特点，其组织结构见图1-15～图1-20。

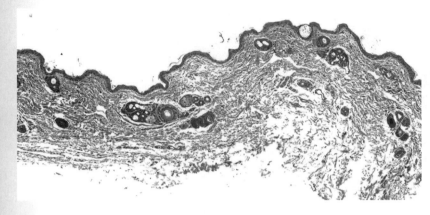

图1-15　耳皮肤1
（100倍）

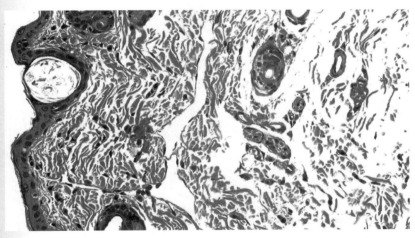

图1-16　耳皮肤2
（400倍）

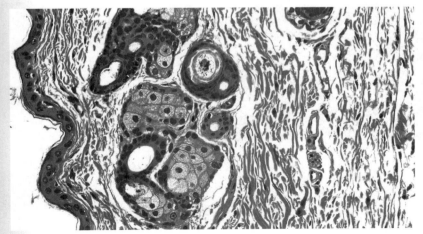

图1-17　耳皮肤3
（400倍）

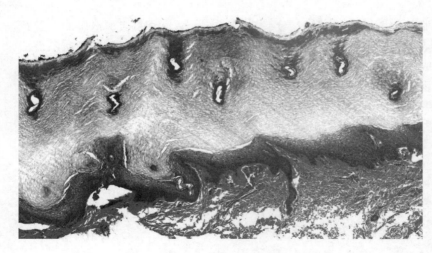

图 1-18　足垫皮肤 1
（100 倍）

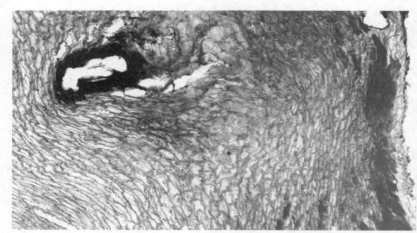

图 1-19　足垫皮肤 2
（400 倍）

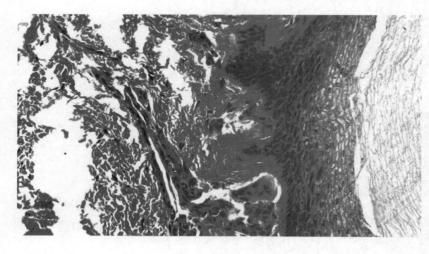

图 1-20　足垫皮肤 3
（400 倍）

第二章

运 动 系 统

　　猫运动系统由肌肉、骨和骨连接构成。肌肉主要附着于骨、关节和肌膜；骨为杠杆，关节为支点，肌肉收缩产生动力来完成运动。

一、肌肉

　　全身的肌肉按所在的部位可分为皮肌、头肌、颈肌、躯干肌、四腿肌及尾肌等，见图2-1～图2-3。

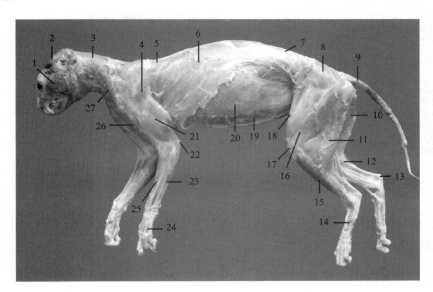

图2-1　全身肌肉左侧观

1—咬肌；2—额肌；3—颈部肌；4—三角肌；5—斜方肌；6—背阔肌；7—背腰最长肌；8—臀肌；
9—尾部肌；10—半腱肌；11—臀股二头肌；12—腓肠肌；13—跟骨；14—跖部肌；
15—趾长伸肌；16—股四头肌；17—膝关节；18—缝匠肌前部；19—腹直肌；
20—腹外斜肌；21—肱三头肌；22—肘关节；23—前臂伸肌群；
24—掌部肌；25—前臂屈肌；26—臂二头肌；27—胸头肌

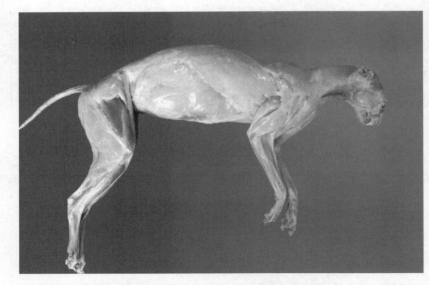

图2-2 全身肌肉右
侧观

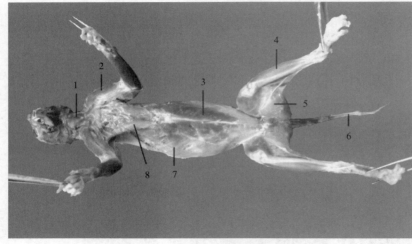

图2-3 全身肌肉腹
侧观

1—颈腹侧肌肉；
2—臂二头肌；
3—腹直肌；
4—趾长伸肌；
5—股薄肌；
6—尾部肌；
7—腹外斜肌；
8—胸肌

（一）肌肉的形状与分类

骨骼肌由肌腹和肌腱构成。纺锤形肌的肌腱为呈索状的腱索；扁肌的肌腱为呈膜状的腱膜。肌肉类型包括纺扁平肌、纺锤形肌、短肌、多裂肌及轮匝肌等。

（二）肌肉的辅助装置

肌肉的辅助装置有筋膜、滑膜囊和腱鞘，起固定、减少摩擦和保护肌组织的作用。肌肉表面被覆浅筋膜和深筋膜两层筋膜。浅筋膜由位于真皮之下的疏松结缔组织构成；深筋膜由位于浅筋膜深面的致密结缔组织构成。腱鞘为位于肌腱活动度较大的部位、包于肌腱外面的双层管鞘，包括纤维层和滑膜层（腱滑膜鞘）滑膜囊为位于皮肤、肌肉、肌腱及韧带与骨面之间的封闭的双层结缔组织小囊，双层囊腔内含少量滑液，起滑润、减少摩擦的作用。

（三）皮肌

皮肌为紧贴皮肤内表面，按所在部位可分为面皮肌、额皮肌、颈皮肌、肩臂皮肌及胸腹皮肌等，见图2-4。皮肌收缩可震颤皮肤，起抖落灰尘、水滴、驱除蚊蝇等作用。猫皮肌下皮下脂肪和皮下筋膜丰富。

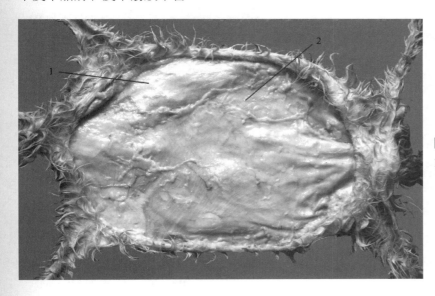

图2-4　皮肌
1—皮肤；2—皮肌

（四）头颈部肌

头部肌包括面肌和咀嚼肌。面肌分为鼻唇提肌、鼻孔外侧开肌、上唇提肌、下唇降肌、口轮匝肌、颊肌，咀嚼肌分为咬肌、翼肌、颞肌、枕下颌肌和二腹肌。颈部肌包括下颌舌骨肌、茎突舌骨肌、颈斜方肌、胸骨舌骨肌、胸骨甲状肌、甲状舌骨肌及斜角肌等。头颈部肌见图2-5～图2-10。

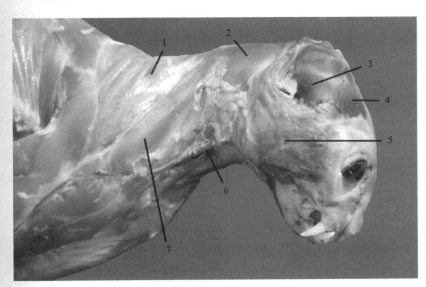

图2-5　头颈部肌肉右
　　　　侧观
1—斜方肌；2—颈部肌；
3—颞肌；4—额肌；
5—咬肌；6—颈静脉；
7—臂头肌

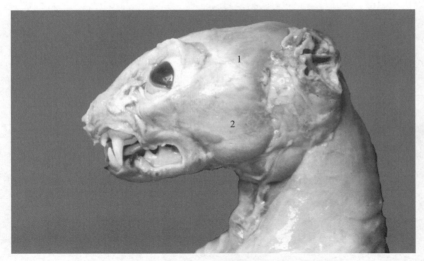

图2-6 头部肌左侧观
1—颞肌；2—咬肌

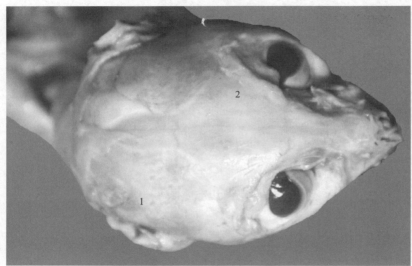

图2-7 颞肌与额肌
1—颞肌；2—额肌

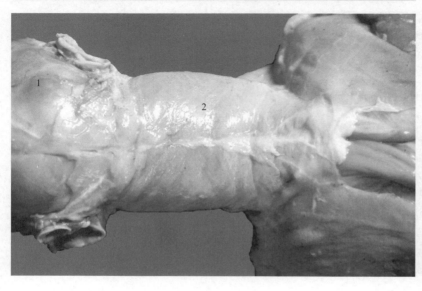

图2-8 颞肌与颈斜方肌
1—颞肌；2—颈斜方肌

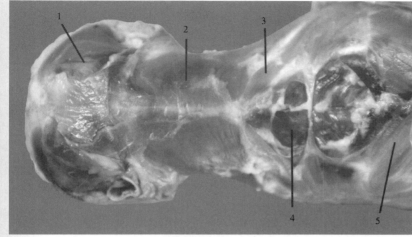

图2-9　颈背侧肌肉

1—颞肌；2—颈部肌；

3—斜方肌；4—菱形肌；

5—背长肌

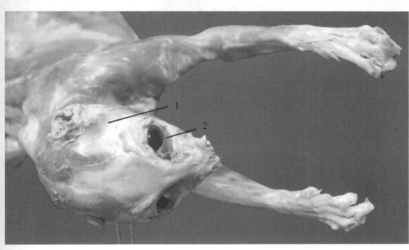

图2-10　颞肌

1—颞肌；2—眼

（五）躯干肌

躯干肌包括脊柱肌、背阔肌、胸壁肌、肋间肌、膈肌及腹壁肌等，见图2-11、图2-12。

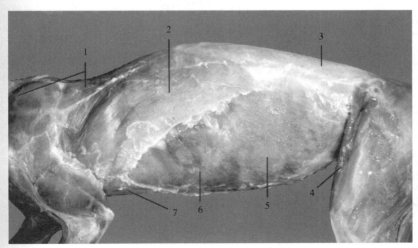

图2-11　躯干肌肉左
　　　侧观

1—斜方肌；

2—背阔肌；

3—背腰最长肌；

4—缝匠肌前部；

5—腹外斜肌；

6—腹侧锯肌；

7—胸肌

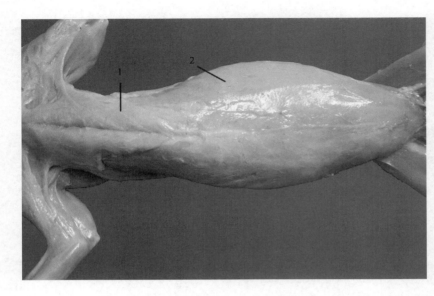

图 2-12　躯干肌腹侧观
1—胸肌；2—腹壁肌

1. 脊柱肌

脊柱肌包括脊柱背侧肌群和脊柱腹侧肌群，见图 2-1、图 2-11。

（1）脊柱背侧肌群　包括背腰最长肌、竖脊肌、髂肋肌、头半棘肌和夹肌。

（2）脊柱腹侧肌群　位于颈部和腰部脊柱的腹侧，分为头长肌、颈长肌、腰小肌及腰大肌等。

2. 颈腹侧肌

包括胸头肌、胸骨甲状舌骨肌和肩胛舌骨肌，见图 2-13、图 2-14，分布于颈腹侧食管及血管两侧。其中，臂头肌与胸头肌形成颈静脉沟。

3. 胸壁肌

胸壁肌形成胸腔的侧壁和后壁，包括胸肌、腹外斜肌和腹直肌前部、胸锯肌、肋间肌及膈肌等，见图 2-15 ～图 2-17。

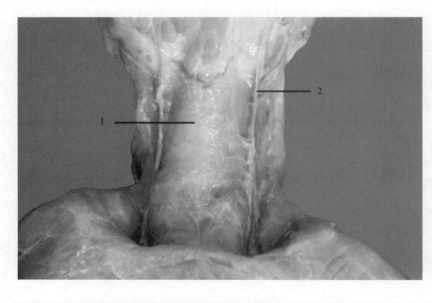

图 2-13　胸头肌
1—胸头肌；2—颈静脉

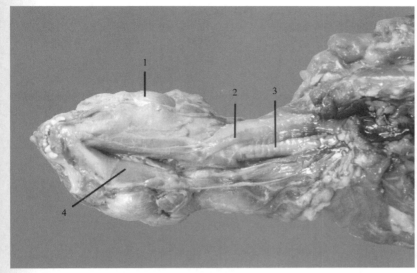

图2-14　头颈部肌腹
　　　　侧观

1—咬肌；

2—胸骨甲状舌骨肌；

3—气管；

4—翼肌

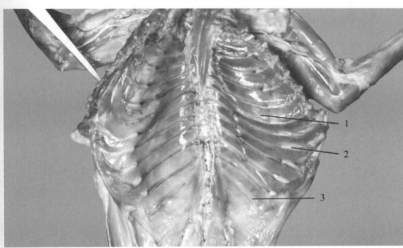

图2-15　肋间肌

1—肋间肌；2—肋软骨；

3—肋骨

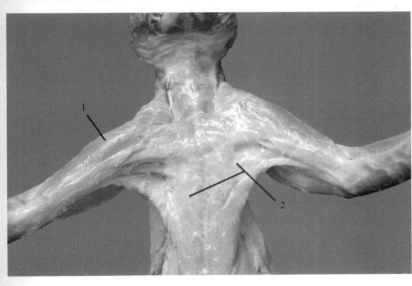

图2-16　胸肌腹侧观

1—臂二头肌；2—胸肌

图 2-17　胸壁深层肌肉

1—胸肌；
2—肋软骨；
3—斜角肌；
4—腹侧锯肌；
5—菱形肌

（1）肋间外肌　位于前肋后缘和后肋前缘肋间隙的浅层，肌纤维由前上斜向后下。

（2）肋间内肌　位于前肋后缘和后肋前缘肋间隙的深浅层，肌纤维由后上斜向前下。

（3）膈　膈中央为腱膜，周围为肌质，凸向胸腔，又称横膈膜，分隔胸、腹腔，见图 2-18、图 2-19。

膈由上至下有三个裂孔：分别是位于膈与脊柱之间，有主动脉和胸导管通过的主动脉裂孔；位于主动脉裂孔的左前方，有食管及迷走神经通过的食管裂孔；位于食管裂孔右前方的中心腱内，有后腔静脉通过的腔静脉裂孔。

4.腹壁肌

腹壁肌包括腹外斜肌、腹内斜肌、腹直肌和腹横肌四层板状肌，构成腹腔侧壁和底壁，在腹底壁正中线形成腱质腹白线，见图 2-11、图 2-12。

（1）腹外斜肌　位于腹侧壁、底壁和胸侧壁最外层，肌纤维由前上方斜向后下方的宽阔扁肌。

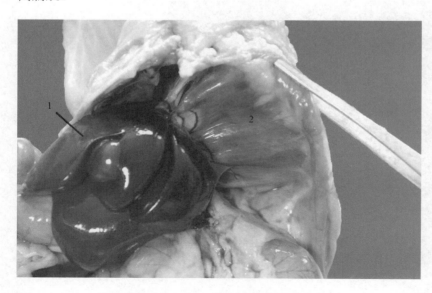

图 2-18　膈肌
1—肝；2—膈肌

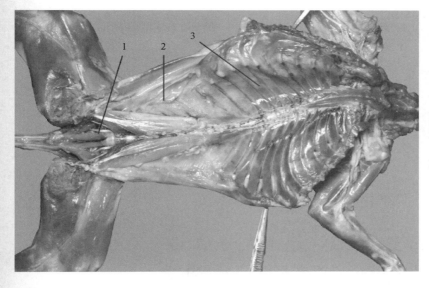

图2-19 体腔
1—骨盆腔；2—腹腔；
3—胸腔

（2）腹内斜肌　位于腹外斜肌的深面，肌纤维由后上方斜向前下方，与腹外斜肌形成腹股沟管腹环。

（3）腹直肌　起于耻骨联合和耻骨嵴、止于胸骨剑突和肋软骨的呈前宽后窄扁平的带形腹肌，位于腹底壁正中线两旁的腹直肌鞘内。

（4）腹横肌　起于腰椎横突和肋弓内侧面、止于腹白线的薄层肌，位于腹壁肌的最内层。

（六）四肢肌

四肢肌肉分为前肢肌肉、臀部肌群、髂腰肌和后肢肌肉。

1. 前肢肌肉

（1）肩带肌　包括臂头肌、斜方肌、菱形肌、背阔肌、锯肌及胸肌等。

（2）肩部肌　由肩胛骨外侧的冈上肌、冈下肌、三角肌和内侧的肩胛下肌和与大圆肌组成。

（3）臂部肌　由臂三头肌、前臂筋膜张肌、臂二头肌和臂肌组成。

（4）前臂肌与前脚部肌　前臂肌包括腕桡侧伸肌、指总伸肌、指外侧伸肌、肮斜伸肌、指内侧伸肌、腕外侧屈肌、腕尺侧屈肌、腕桡侧屈肌、指浅屈肌、指深伸肌。前脚部肌包括趾屈肌和趾伸肌。

前肢肌肉见图2-20～图2-28。

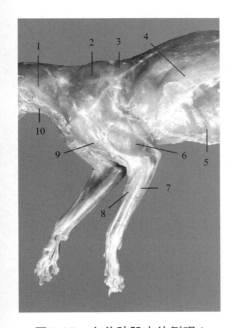

图2-20　左前肢肌肉外侧观1

1—臂头肌；2—颈斜方肌；3—胸斜方肌；
4—背阔肌；5—腹侧锯肌；6—肱三头肌；
7—前臂伸肌群；8—前臂屈肌群；
9—臂肌；10—胸头肌

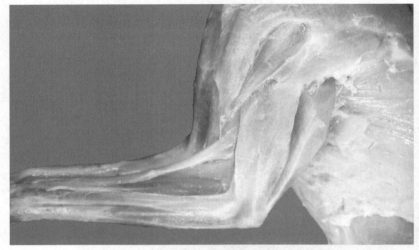

图2-21 左前肢肌肉外
侧观2

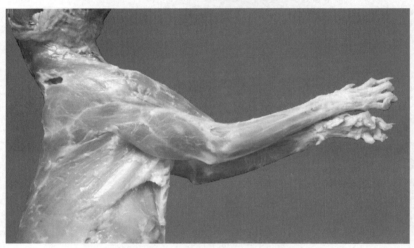

图2-22 右前肢肌肉外
侧观1

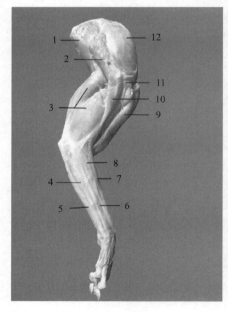

图2-23 右前肢肌肉外
侧观2

1—冈下肌；

2—三角肌；

3—肱三头肌；

4—指外侧伸肌；

5—指深屈肌；

6—指总伸肌；

7—腕桡侧伸肌；

8—指内侧伸肌；

9—臂二头肌；

10—臂肌；

11—肩关节；

12—冈上肌

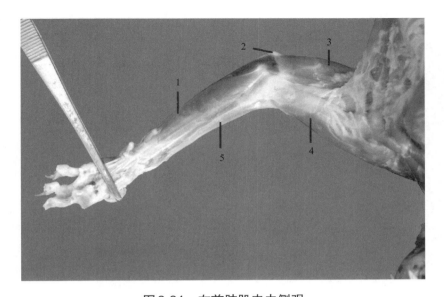

图2-24　左前肢肌肉内侧观

1—前臂伸肌群；2—肘关节；3—肱三头肌；4—臂二头肌；5—前臂屈肌群

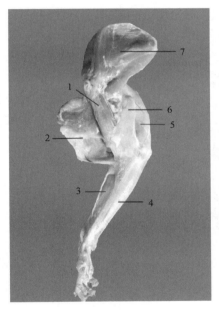

图2-25　右前肢肌肉内侧观

1—臂肌；

2—臂二头肌；

3—腕桡侧伸肌；

4—前臂屈肌群；

5—肱三头肌；

6—大圆肌；

7—肩胛下肌

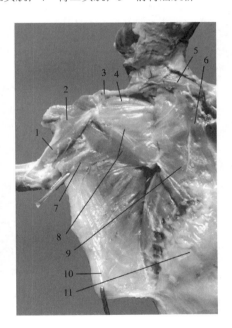

图2-26　前肢和躯干深层肌肉

1—臂肌；2—臂二头肌；

3—臂头肌；4—冈上肌；

5—胸头肌；6—斜角肌；

7—大圆肌；8—肱三头肌；

9—胸肌；10—背阔肌；

11—腹外斜肌

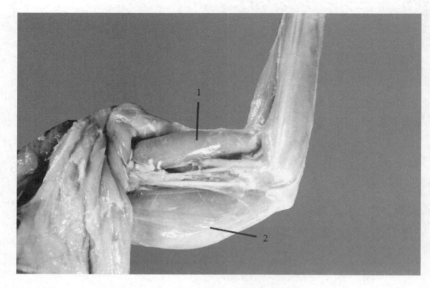

图2-27　臂二头肌与臂
　　　　三头肌

1—臂二头肌；
2—臂三头肌

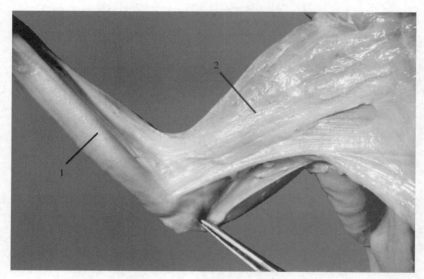

图2-28　前臂肌和胸
　　　　浅肌

1—前臂肌；2—胸浅肌

2.后肢肌肉

后肢肌肉分为股部肌群、小腿和后脚部肌。股部肌群分为股前肌群、股后肌群和股内侧肌群。

（1）股前肌群　包括位于股部前外侧浅表的呈扇形的阔筋膜张肌和股四头肌。

（2）股后肌群　包括位于股后侧的臀股二头肌、半腱肌和半膜肌。

（3）股内侧肌群　包括位于股内侧浅表的缝匠肌、股薄肌和内收肌。

（4）小腿和后脚部肌　小腿肌群由趾长伸肌、趾外侧伸肌、第3腓骨肌、胫骨前肌及腓骨长肌等组成。后脚部肌由腓肠肌、趾浅屈肌、趾深屈肌及腘肌等组成。

后肢肌肉见图2-29～图2-44。

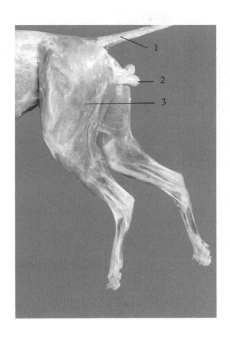

图2-29　后肢

1—尾；

2—睾丸；

3—后肢

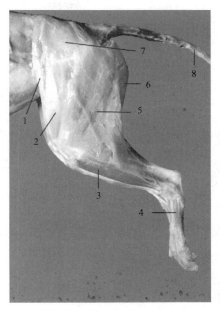

图2-31　左后肢肌肉外侧观1

1—缝匠肌前部；2—股四头肌；
3—趾长伸肌；4—跖部肌；
5—臀股二头肌；6—半膜肌；
7—臀肌；8—尾部肌

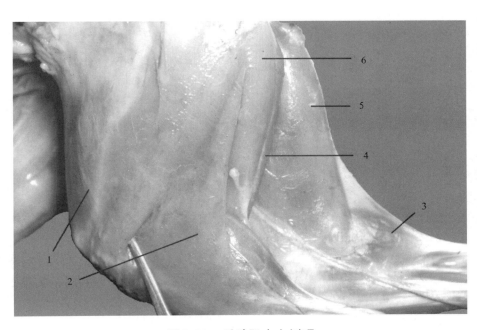

图2-30　后肢肌肉左侧观

1—股四头肌；2—臀股二头肌；3—腓肠肌；4—半膜肌；5—股薄肌；6—半腱肌

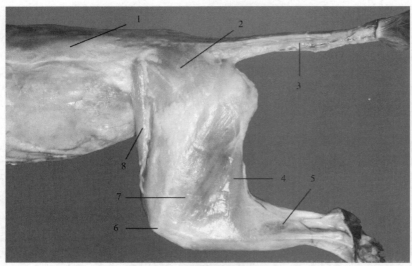

图2-32　左后肢肌肉外
　　　　侧观2

1—背腰最长肌；

2—臀前肌；

3—尾肌；

4—臀股二头肌沟；

5—腓肠肌；

6—膝关节；

7—股四头肌；

8—缝匠肌

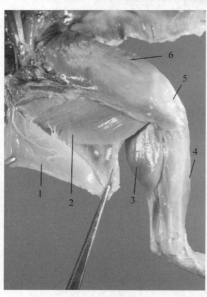

图2-33　左后肢肌肉内
　　　　侧观1

1—股薄肌；

2—半膜肌；

3—腓肠肌；

4—趾长伸肌；

5—膝关节；

6—缝匠肌前部

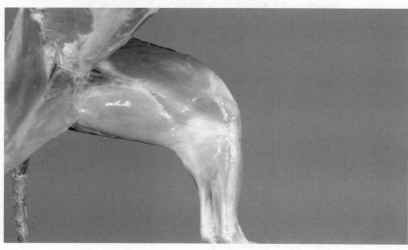

图2-34　左后肢肌肉内
　　　　侧观2

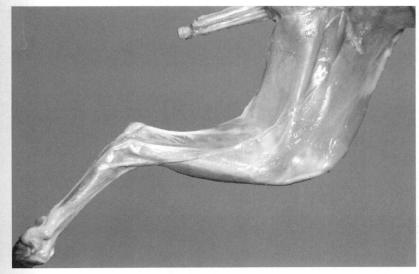

图2-35　左侧股部肌内
　　　　侧观

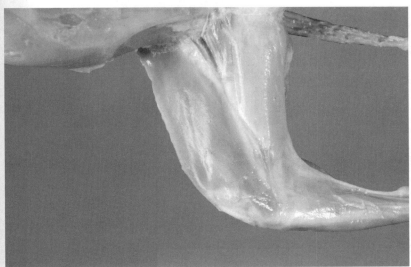

图2-36　右后肢肌内
　　　　侧观

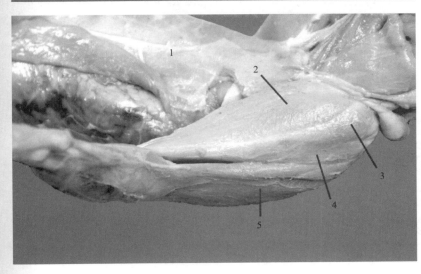

图2-37　股后肌肉
1—腹壁肌；2—股薄肌；
3—半膜肌；4—半腱肌；
5—臀股二头肌

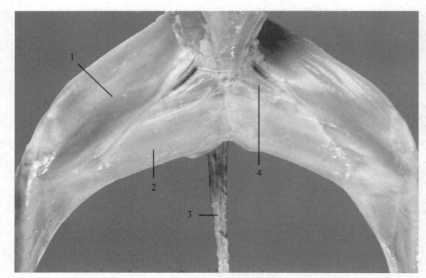

图 2-38 股部肌内侧观

1—缝匠肌；2—股薄肌；
3—尾部肌；4—耻骨肌

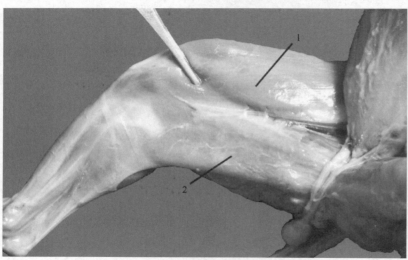

图 2-39 缝匠肌与股
薄肌

1—缝匠肌；2—股薄肌

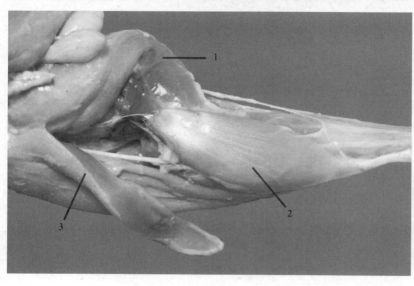

图 2-40 腓肠肌

1—股四头肌；
2—腓肠肌；
3—臀股二头肌

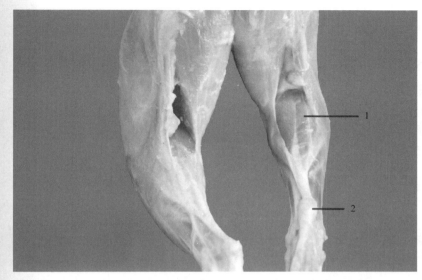

图 2-41　腓肠肌与跟腱
1—腓肠肌；2—跟腱

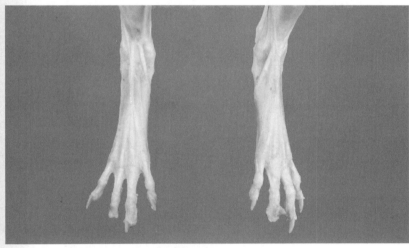

图 2-42　后脚肌背侧观

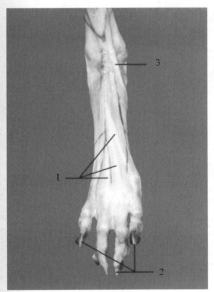

图 2-43　右后脚背侧观
1—肌腱；
2—爪；
3—神经

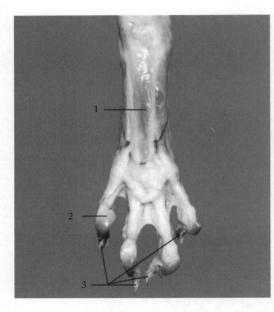

图2-44　后脚跖侧观

1—跖部肌肉;

2—肉垫;

3—爪

3.臀部肌和尾

臀部肌群包括臀部肌和髂腰肌。臀部肌包括肥厚宽大的臀浅肌、臀中肌、臀深肌和梨状肌。髂腰肌包括髂肌和腰大肌,见图2-1～图2-45。尾部肌肉不发达,见图2-46。

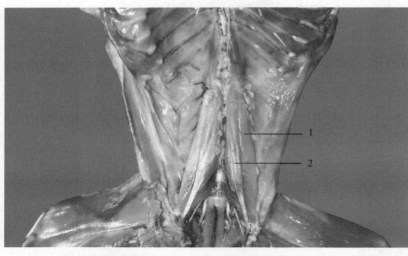

图2-45　腰大肌与腰
　　　　 小肌

1—腰大肌;2—腰小肌

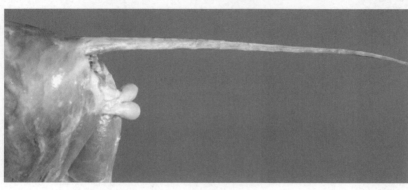

图2-46　尾

二、骨骼肌组织结构

　　肌组织主要由肌细胞构成。肌细胞间有少量的结缔组织、血管、淋巴管和神经。骨骼肌细胞因呈细长纤维形，故又称肌纤维。骨骼肌胞体呈长圆柱状，直径10～100μm，长1～40mm。骨骼肌细胞核呈椭圆形，是多核细胞，一条肌纤维内含有几十个甚至数百个核。骨骼肌细胞核位于细胞周边、细胞膜下方。骨骼肌属于横纹肌。

　　横切面是不规则形，每条肌纤维周围的薄层结缔组织为肌内膜；多个细胞核位于肌内膜内。数条肌纤维集合成束，肌束的外面包有较厚的结缔组织为肌束膜。一块肌肉外面所包的结缔组织为肌外膜（标本上仅部分显示）。骨骼肌横切面见图2-47～图2-54。

图2-47　三头肌1
（100倍）

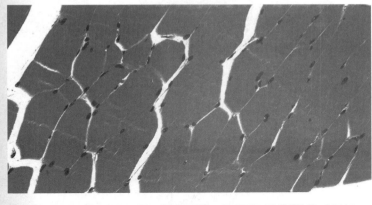

图2-48　三头肌2
（400倍）

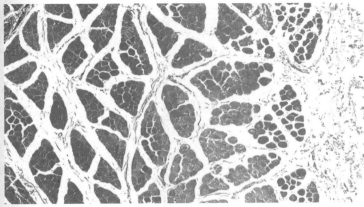

图2-49　翼肌1
（100倍）

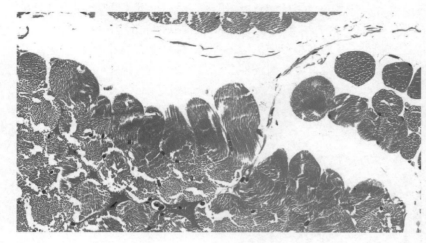

图2-50 翼肌2
（400倍）

图2-51 翼肌3
（400倍）

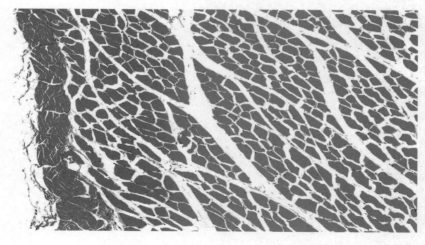

图2-52 腓肠肌1
（100倍）

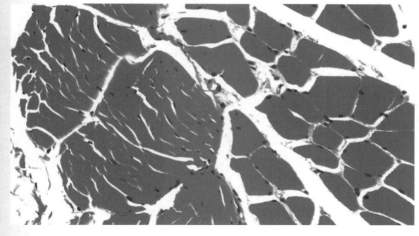

图 2-53　腓肠肌 2
（400 倍）

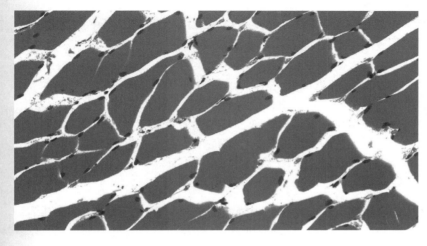

图 2-54　腓肠肌 3
（400 倍）

　　纵切面上可见骨骼肌纤维为长条状，肌纤维相互平行排列，肌纤维间有少量的结缔组织（肌内膜），可见成纤维细胞核和毛细血管。每条骨骼肌纤维有多个细胞核，椭圆形，胞核着蓝紫色，位于肌膜下。骨骼肌纵切面见图 2-55。

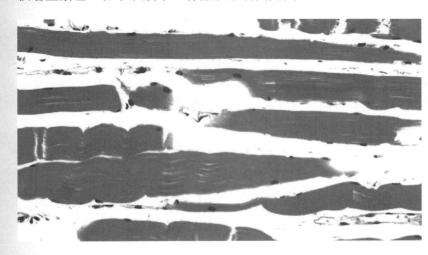

图 2-55　腓肠肌 4
（400 倍）

三、骨骼 ■■■■

骨是一个活器官，有一定的形态和功能，主要由骨组织构成，坚硬而富有弹性，有丰富的血管和神经，能不断地进行新陈代谢和生长发育，并具有改建、修复和再生的能力。骨有以下主要功能：①构成动物体支架，支撑软组织并承担其重量，赋予动物体一定的外形；②形成体腔壁，保护内部器官；③为骨骼肌提供附着面，并在运动中起杠杆作用；④红骨髓有造血功能，黄骨髓可储存脂肪；⑤是动物体钙、磷代谢的储备仓库。

猫全身骨骼由骨和骨连结组成，分为头骨、躯干骨和四肢骨，共有230～247块，包括1块内脏骨（阴茎骨）。其骨骼数目随年龄的不同而异，老龄猫骨骼的数目因某些骨块的愈合而减少。

（一）骨的分类

1.骨根据形态可分为以下四类。

（1）长骨　呈长管状，中部称骨体或骨干，两端膨大为骨端或骺，发育中的家畜，在骨体和骨端之间，存在有一层干骺软骨，可使骨干继续增长，成年后该软骨骨化，形成干骺线。长骨多位于四肢，可产生较大幅度的运动，如肱骨和股骨。

（2）短骨　形状近似立方体，与邻近的骨之间有较多的关节面，故多位于运动灵活、承受压力较大的部位，如前肢的腕骨和后肢的跗骨。

（3）扁骨　呈板状，由内、外两层骨板构成。部分颅骨两层骨板间常形成空腔，称窦。扁骨有保护内部器官的作用，且可为肌肉提供较大的附着面，如额骨、肩胛骨等。

（4）不规则骨　形态不规则，故功能多样，主要位于畜体中轴线上，如椎骨。

2.根据部位可以分为以下三类。

（1）中轴骨　位于畜体正中线上，构成畜体的中轴，又可分为脊柱、胸廓骨骼和头骨。

（2）附肢骨　位于中轴骨两侧，又可分为前肢（胸肢）骨和后肢（盆肢）骨。

（3）内脏骨　位于运动系统之外的某些器官中的骨。

（二）骨的构造

骨由骨膜、骨质、骨髓、血管及神经等构成，骨表面覆盖骨膜，骨质包括骨密质和骨松质，骨髓腔和骨松质的空隙内填充骨髓。

（三）骨的连结

骨连结是骨与骨之间通过结缔组织、软骨或骨组织形成的连结，包括直接连结和间接连结。直接连结包括纤维连结、软骨连结和骨性连结。间接连结为骨连结中较普遍的一种形式，简称关节，由关节面、关节软骨、关节囊、关节腔、血管、神经及淋巴管等构成。辅助结构包括韧带、关节盘、关节唇、滑膜襞及滑膜囊等。

（四）全身骨

全身骨按其所在部位的不同，可分为头骨、躯干骨、四肢骨和尾骨。躯干骨包括颈椎、胸椎、腰椎、荐椎、肋骨、肋软骨和胸骨。猫肋骨共有13对，其中真肋9对，假肋4对。胸骨由8块扁骨组成。

1.头骨

头骨位于脊柱前方,分为颅骨和面骨,面骨较颅骨发达。头骨主要由扁骨和不规则骨组成,除下颌骨借颞下颌关节与颞骨连接外,绝大多数借缝或软骨直接连接,分别围成颅腔、口腔、鼻腔和眼眶,以容纳和保护脑、眼球等器官,并形成消化器和呼吸器的起始部。头骨上有许多孔、裂、管、沟等,供血管神经通过。

(1)颅骨位于头的后上方,由成对的额骨、顶骨、颞骨、翼骨和不成对的枕骨、顶间骨、蝶骨、筛骨和犁骨共同组成。

枕骨构成颅腔后壁和底壁的一部分。枕骨正中为枕骨大孔,脑与脊髓经此处相延续。顶骨位于颅骨上部,构成颅腔部分顶壁与侧壁。额骨位于颅腔背侧壁,发达,呈四边形,前部有向两侧伸出的颧突,构成眼眶的上界。颞骨位于枕骨前方、顶骨的前腹侧,构成颅腔侧壁的腹侧部。颞骨向外前方伸出颧突,与颧骨的颞突相连形成颧弓。蝶骨构成颅腔底壁的前部。蝶骨形似展翅的蝴蝶,分为一体、两对翼和一对翼突。蝶骨体位于颅腔底壁正中,呈短的棱柱状,脑面形成蝶鞍,中央有卵圆形垂体窝;翼突从骨体和底蝶骨翼之间伸向前下方,参与形成鼻后孔侧壁。筛骨构成颅腔的前壁。筛板位于颅腔与鼻腔之间,在脑面被鸡冠分成左右两个卵圆形的嗅球窝,容纳嗅球;筛板上有许多小孔,嗅神经丝经此进入颅腔。犁骨位于鼻腔底壁的正中线上,其背侧缘有中隔沟,容纳鼻中隔软骨和筛骨垂直板,腹侧为突出的犁骨嵴,犁骨嵴发达,将鼻腔和鼻后孔完全分为互不相通的左右两半。翼骨为一薄而窄的骨片,位于鼻后孔两侧、腭骨垂直板后缘内侧,后上方伸达颅底。

(2)面骨位于颅骨的前下方,构成口腔和鼻腔的骨质基础。由成对的鼻骨、泪骨、颧骨、上颌骨、切齿骨、腭骨和下鼻甲骨,以及不成对的下颌骨和舌骨构成。

鼻骨位于额骨的前方,构成鼻腔的顶壁。鼻骨前后几乎等宽,前端形成前内侧和前外侧突。鼻骨外凸内凹,鼻腔面有上鼻甲附着。颧骨位于泪骨下方,构成眼眶的前腹侧部。颧骨后端有向后突出的颞突,与颞骨的颧突连成颧弓;有向背侧伸出的额突,与额骨的颧突相接,形成眼眶的后界。上颌骨是最大的面骨,位于泪骨和颧骨的前方,几乎与所有的面骨连接,构成鼻腔侧壁和大部分口腔的顶壁。切齿骨亦称颌前骨,位于上颌骨前方,分骨体、腭突和鼻突三部分。骨体位于最前端,薄而扁平,无切齿齿槽。下颌骨位于上述面骨和颅骨的下方,不成对,分左、右两半,每半又分为下颌体和下颌支两部分。下颌体较厚,略呈水平向,前为切齿部,后为臼齿部,分别有切齿和颊齿着生,两部之间为齿槽间缘。下颌支为下颌体后方垂直向上的宽骨板,上端前方为冠突,供颞肌附着;后方为髁突,与颞骨的关节结节构成颞下颌关节。两侧下颌骨之间的间隙称下颌间隙。

头骨各部解剖结构见图2-56～图2-66。

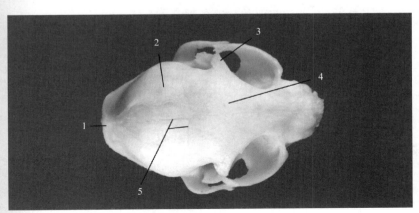

图2-56 头骨背侧观

1—枕骨;2—顶骨;

3—颞骨;4—额骨;

5—骨缝

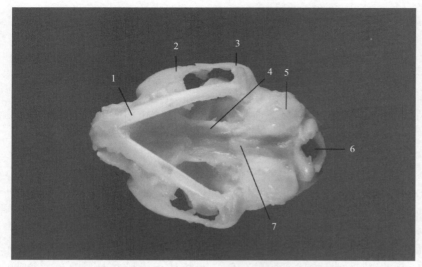

图 2-57 头骨腹侧观 1
1—下颌骨；
2—颧骨颞突；
3—颞骨颧突；
4—翼骨；
5—鼓泡；
6—枕骨大孔；
7—蝶骨

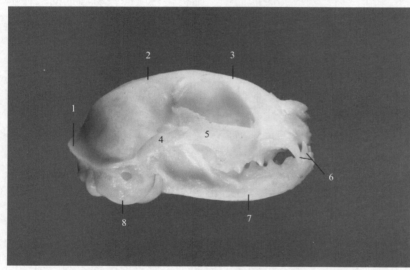

图 2-58 头骨右侧观 1
1—枕骨；2—顶骨；
3—额骨；4—颞骨颧突；
5—颧骨颞突；6—齿；
7—下颌骨；8—鼓泡

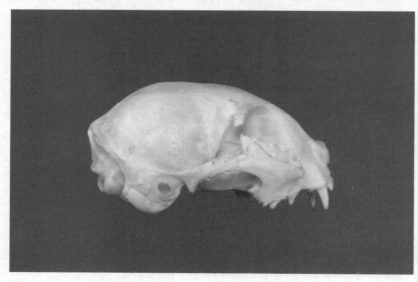

图 2-59 头骨右侧观 2

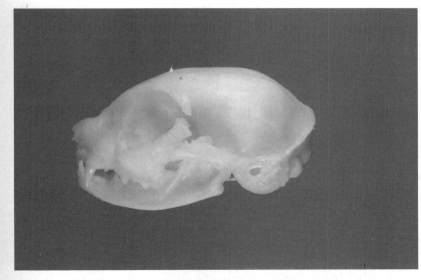

图2-60　头骨左侧观1

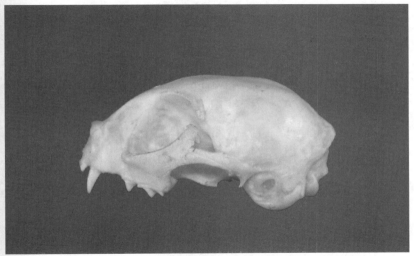

图2-61　头骨左侧观2

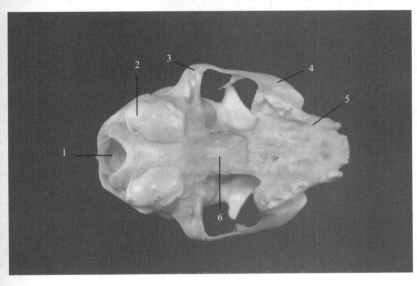

图2-62　头骨腹侧观2
1—枕骨大孔；2—鼓泡；
3—颞骨；4—颧骨；
5—上颌骨；6—梨骨

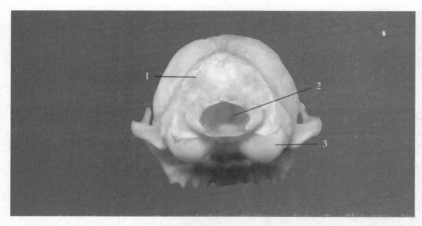

图2-63　头骨后面观
1—枕骨；2—枕骨大孔；
3—鼓泡

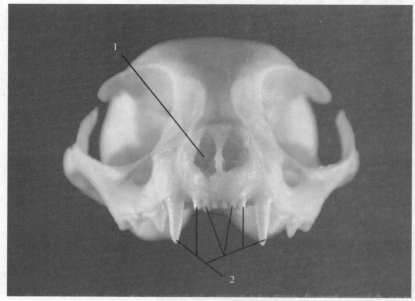

图2-64　鼻孔与牙齿
1—鼻孔；2—牙齿

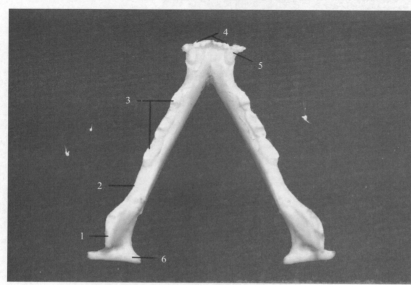

图2-65　下颌骨背侧观
1—冠状突；2—下颌骨；
3—臼齿；4—切齿；
5—犬齿；6—髁状突

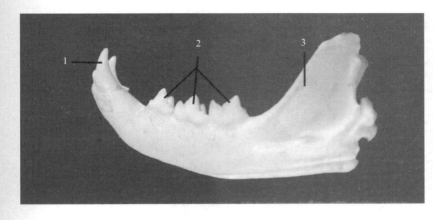

图2-66 齿

1—犬齿；2—臼齿；
3—下颌骨

2.躯干骨

躯干骨包括脊柱、肋和胸骨。脊柱位于畜体背侧正中，可分为颈椎、胸椎、腰椎、荐椎和尾椎，构成机体的中轴，其中胸椎、胸骨、肋骨和肋软骨形成胸廓。脊柱除具有支持体重、保护脊髓、传递推力等作用外，还参与形成胸腔、腹腔和骨盆腔，以悬垂和保护内部器官。

（1）椎骨的一般形态　椎骨属于不规则骨，尽管各部椎骨由于机能不同，形态上存在一定的差异，但大部分椎骨的形态结构基本相似，均由椎体、椎弓和突起三部分构成。椎体位于椎骨的腹侧部，呈短柱状，前面突出称前端，又称椎头，后面微凹称后端，又称椎窝。各部椎骨以前端、后端依次相连。椎弓位于椎体的背侧，呈拱形，与椎体的两侧缘相延续，并与椎体共同围成椎孔。所有椎孔相连形成椎管，内容脊髓。椎弓沿矢状面凹陷，形成椎前切迹和椎后切迹，相邻的两切迹围成椎间孔，供血管、神经出入。突起有三种：棘突一个，位于椎弓背侧中央，向背侧伸出；横突一对，位于椎弓或椎弓与椎体交界处，向两侧伸出，各部椎骨横突的形态不尽相同；棘突和横突供肌肉、韧带附着。关节突前后各一对，分别称前关节突和后关节突，各位于椎弓前、后缘正中线的两侧，前关节突的关节面向上向前，后关节突的关节面向下向后，相邻椎骨的关节突构成关节。

椎骨的一般解剖结构见图2-67、图2-68。

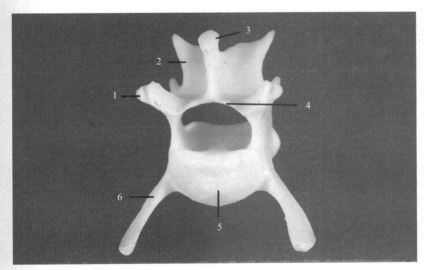

图2-67　颈椎前面观

1—前关节突；
2—后关节突；
3—棘突；
4—椎弓；
5—椎头；
6—横突

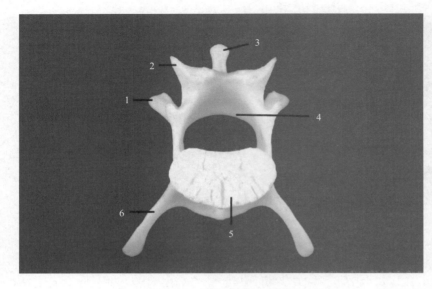

图 2-68　颈椎后面观

1—前关节突；

2—后关节突；

3—棘突；

4—椎弓；

5—椎窝；

6—横突

（2）颈椎　颈椎7枚，第3～6颈椎形态基本相似；第1和第2颈椎因适应头部灵活的
运动，形态发生特殊变化；第7颈椎是颈椎向胸椎的过渡类型。第3～5颈椎椎体发达，椎
体较长，椎头、椎窝及各种突起均很明显。椎体腹侧嵴明显。棘突较小，向前倾斜，其高
度向后逐渐增高。关节突大，呈板状。横突分两支，背侧支伸向后，腹侧支向前向下。第
6颈椎椎体较短，无腹侧嵴，棘突发达，横突的背侧支窄而短，伸向外侧，腹侧支宽而厚，
呈四边形，伸向腹侧，第6颈椎有横突孔。第7颈椎在所有颈椎中椎体最短，棘突最高，横
突不分支，无横突孔，后端椎窝两侧各有一后肋凹，与第1肋的肋头成关节。

第一颈椎又称寰椎，由背侧弓和腹侧弓组成，背侧弓上有背侧结节，腹侧弓后端背侧
形成齿突凹。两弓连结成环状，前面形成较深的前关节凹，与枕骨成关节；后面形成后关
节凹，呈鞍形，与第2颈椎成关节。两弓两侧的横突呈薄板状，称寰椎翼，其外侧缘可在
体表触摸到。寰椎翼的腹侧面凹，称寰椎窝。寰椎翼的前部有孔，通向椎管的叫椎外侧孔，
通向椎窝的叫翼孔。

颈椎的解剖结构见图2-69～图2-75。

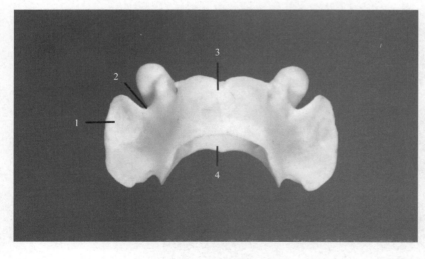

图 2-69　寰椎背侧观

1—寰椎翼；2—翼切迹；

3—背侧弓；4—腹侧弓

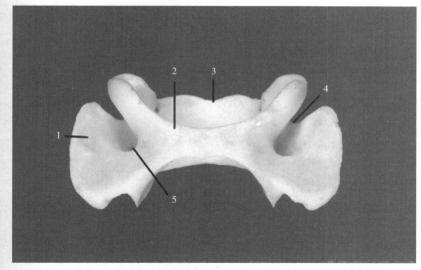

图2-70 寰椎腹侧观

1—寰椎翼；2—腹侧弓；
3—背侧弓；4—翼切迹；
5—横突孔

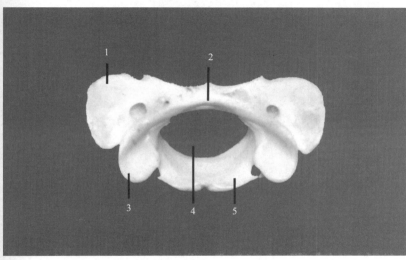

图2-71 寰椎前面观1

1—寰椎翼；2—背侧弓；
3—关节窝；4—椎孔；
5—腹侧弓

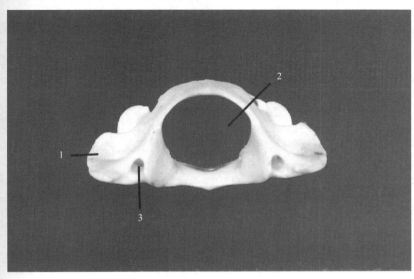

图2-72 寰椎前面观2

1—寰椎翼；2—椎孔；
3—翼孔

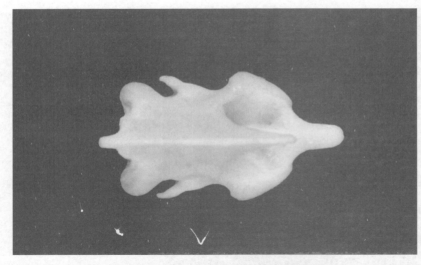

图2-73　颈椎背面观

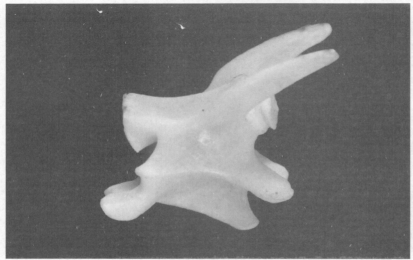

图2-74　颈椎左侧观

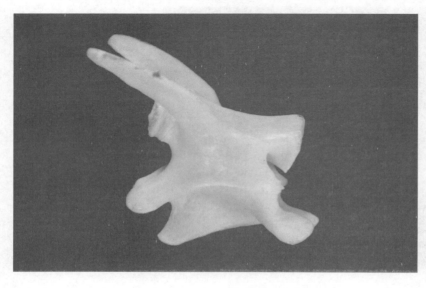

图2-75　颈椎右侧观

（3）胸椎 胸椎椎体短，呈三棱柱状，椎头、椎窝不明显，在椎头与椎窝的两侧各有一对前肋凹和后肋凹，与肋头成关节，但最后胸椎无后肋凹。胸椎棘突特别发达，基本上均向后倾斜，以第2～6最高，形成鬐甲的基础，向后逐渐降低，至最后胸椎时，降至腰椎棘突高度水平。横突短而小，其腹侧面有横突肋凹，与肋结节成关节。前关节突位于椎弓背侧面，后关节突位于棘突基部，面向后下方。

颈椎的解剖结构见图2-76、图2-77。

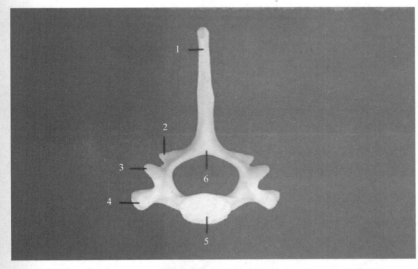

图2-76　胸椎前面观

1—棘突；2—后关节突；

3—横突；4—前关节突；

5—椎头；6—椎弓

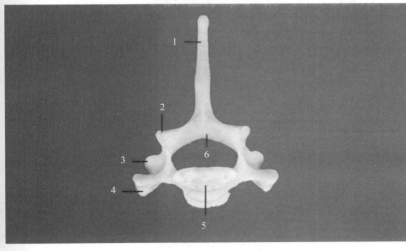

图2-77　胸椎后面观

1—棘突；2—前关节突；

3—横突；4—后关节突；

5—椎窝；6—椎弓

（4）胸骨与肋骨 胸骨位于胸廓底壁正中，斜向后下方。胸骨由胸骨节组成，最后一块胸骨节为剑突，剑突上附有圆盘形的剑状软骨。

胸骨的解剖结构见图2-78。

肋骨属扁骨，分椎骨端、胸骨端和体。椎骨端为肋头，有前、后肋头关节面，分别与相邻两椎体的前、后肋凹成关节。肋头下缩细的部分为肋体，肋颈的下方为肋体，肋体近端的突起称肋结节。肋结节表面亦有关节面，与相应胸椎的横突肋凹成关节。

肋骨的解剖结构见图2-78～图2-80。

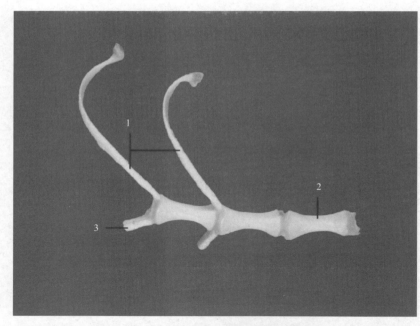

图2-78　胸骨与肋骨
1—肋骨；2—胸骨；
3—剑状软骨

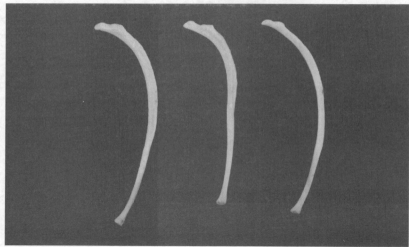

图2-79　肋骨1

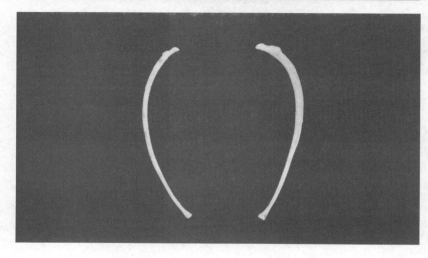

图2-80　肋骨2

（5）腰椎　椎头、椎窝不明显，棘突低，两侧扁，横突长，背腹扁，向两侧水平伸出，有扩大腹腔顶壁的作用。前关节突呈沟槽状，后关节突呈轴状，关节突连结牢固。

（6）荐椎和尾椎　荐椎成年后相互愈合形成荐骨。尾椎向后逐渐退化，后部尾椎仅保留棒状椎体，并逐渐变细。

腰椎的解剖结构见图2-81～图2-87。

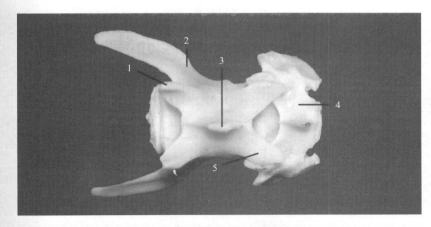

图2-81　腰椎背侧观1
1—前关节突；2—横突；
3—棘突；4—第六腰椎；
5—后关节突

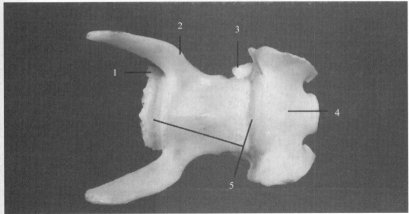

图2-82　腰椎腹侧观1
1—前关节突；
2—横突；
3—后关节突；
4—第六腰椎；
5—椎间盘

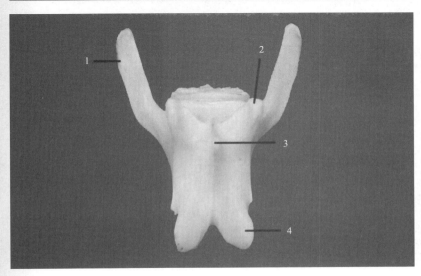

图2-83　腰椎背侧观2
1—横突；2—前关节突；
3—棘突；4—后关节突

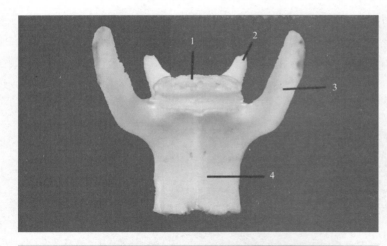

图2-84 腰椎腹侧观2
1—椎头；2—前关节突；
3—横突；4—椎体

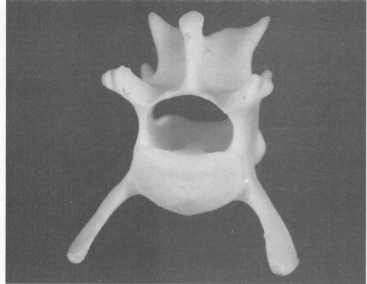

图2-85 腰椎前面观

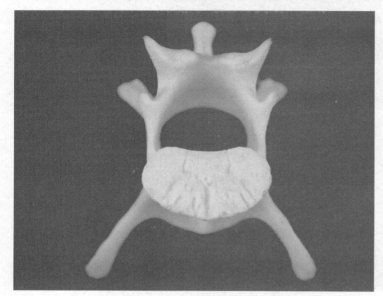

图2-86 腰椎后面观

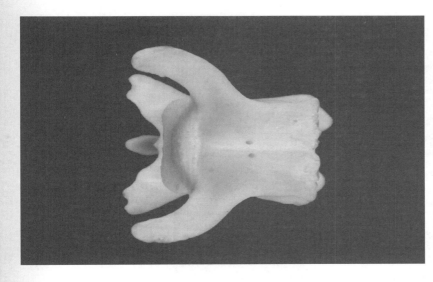

图2-87　腰椎腹侧观3

3.四肢骨

（1）前肢骨　前肢骨包括肩胛骨、肱骨、前臂骨和前脚骨；桡骨和尺骨组成前臂骨，腕骨、掌骨、指骨和籽骨组成前脚骨。

① 肩胛骨　肩胛骨为三角形扁骨，斜位于胸廓前部两侧，从第4胸椎棘突斜向第2肋中部，分内、外侧两面，前、后、背侧三个缘和前、后、腹侧三个角。外侧面有一纵行的肩胛冈，肩胛冈中部有较粗厚的冈结节，其下端的尖突为肩峰。肩胛冈将外侧面分为前方较小的冈上窝和后方较大的冈下窝，分别供冈上肌和冈下肌附着。内侧面中部有大而浅的肩胛下窝。背侧缘粗糙附有肩胛软骨。腹侧角的后部有一圆形的浅窝，称关节盂，与肱骨的肱骨头成关节。关节盂的前上方有一突起，称盂上结节，供臂二头肌起始。

② 肱骨　肱骨又称臂骨，属长骨，从前上方斜向后下方，分一骨体和两骨端。骨体呈不规则的圆柱体，外侧面有从后上方经由外侧面至前下方的螺旋状的臂肌沟，沟的前界为肱骨嵴，其近侧有三角肌粗隆，三角肌粗隆后背侧有臂三头肌线。骨体内侧面中部有一卵圆形的粗面，称大圆肌粗隆。近端后部有球形的关节面为肱骨头，与肩胛骨的关节盂成关节。前部有两个突起，外侧的较大，称大结节，其远侧有冈下肌面，供冈下肌附着；内侧的较小，称小结节，两者均可分为前、后两部。两结节之间有结节间沟，供臂二头肌起端腱通过。远端即肱骨髁，其肱骨滑车与前臂骨成关节，前面有较浅的桡窝，后面为较深的鹰嘴窝。

③ 桡骨　桡骨位于前内侧，粗大，呈前后扁的圆柱体，微向前弓。桡骨后面粗糙，与尺骨相接。近端的关节面为桡骨头凹，与肱骨滑车成关节。近端的背内侧有粗糙的桡骨粗隆，为臂二头肌的止点。远端的关节面与腕骨成关节。

④ 尺骨　尺骨位于后外侧，较桡骨长，骨体与桡骨紧密结合，但仍留有上、下两个裂隙，分别称前臂近骨间隙和前臂远骨间隙。近端特别发达，高出桡骨的部分称鹰嘴，其顶端粗糙称鹰嘴结节。鹰嘴前缘的中部有一钩状的肘，伸入肱骨的鹰嘴窝，肘突的下方有滑车切迹，与肱骨远端成关节。

⑤ 掌骨　第3和第4掌骨合并成大掌骨，位于内侧，第5掌骨为小掌骨，位于外侧。大掌骨为长骨，骨体短而宽，背侧面正中有纵沟，沟两端各有一孔。小掌骨为锥状短骨，下

端尖细。

前肢骨的解剖结构见图2-88～图2-93。

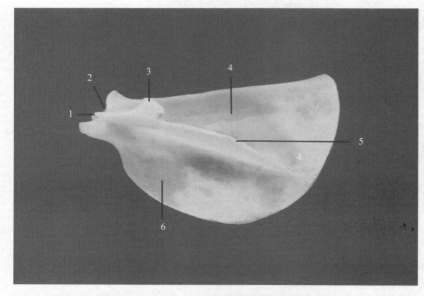

图2-88　肩胛骨外侧观
1—肩峰；2—肩臼；
3—冈结节；4—冈下窝；
5—肩胛冈；6—冈上窝

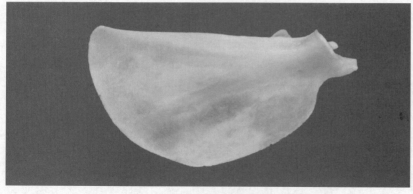

图2-89　肩胛骨内侧观

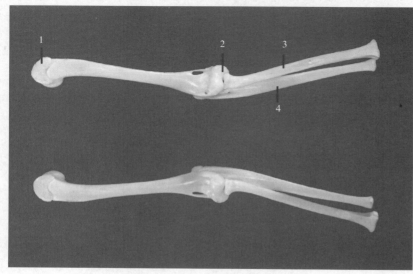

图2-90　臂骨与前臂骨
1—肱骨；2—肘关节；
3—桡骨；4—尺骨

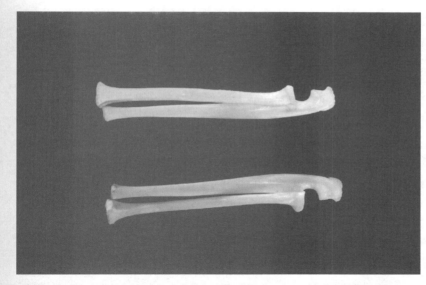

图2-91　前臂骨

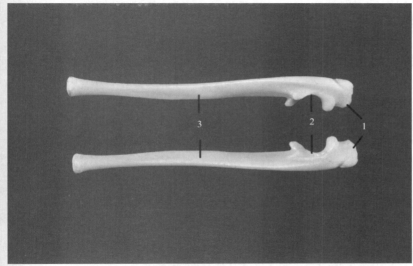

图2-92　尺骨

1—鹰嘴结节；2—鹰嘴；
3—尺骨

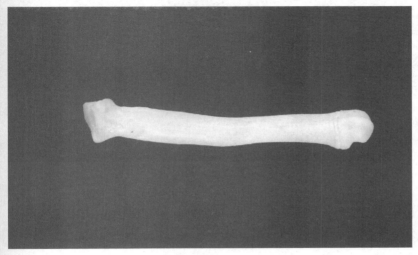

图2-93　掌骨

（2）后肢骨　后肢骨由髋骨、股骨、小腿骨骼和后脚骨骼组成。髋骨由髂骨、耻骨和坐骨三枚扁骨组成，三骨愈合成一块髋骨。股骨由股骨和髌骨（膝盖骨）组成。小腿骨由发达的胫骨和退化的腓骨组成。后足骨骼由跗骨、距骨、趾骨和籽骨组成。

① 髋骨　髋骨由髂骨、耻骨和坐骨构成。

髂骨为三角形的扁骨，从前上方斜向后下方，前方为宽而扁的髂骨翼，后方为三棱柱状的髂骨体。髂骨翼的外侧角称髋结节，内侧角称荐结节。耻骨构成骨盆底壁的前部。耻骨体参与形成髋臼，并与前支围成闭孔的前缘。坐骨构成骨盆底壁的后部，呈不规则的四边形。坐骨支与耻骨后支联合。坐骨前缘凹，与耻骨围成闭孔。坐骨体参与形成髋臼。髋臼是由髂骨、耻骨和坐骨体共同构成的关节窝，与股骨头成关节。髋臼分环形的关节部和粗糙的非关节部（髋臼窝），后者供股骨头韧带附着。关节部被髋臼切迹隔断，供韧带通过。

② 股骨　股骨为最粗大的长骨。近端内侧有球形的股骨头，与髋臼成关节，头的中央有股骨头凹，供韧带附着；外侧有扁而高的大转子。骨体呈圆柱形，内侧缘上部有小转子；骨体远侧部外侧缘有髁上窝，髁上窝外侧有外侧髁上粗隆；内侧缘有内侧髁上粗隆，供腓肠肌附着。远端粗大，前部有股骨滑车，与膝盖骨成关节，内侧嵴较高；后部为股骨内、外侧髁，两髁间有髁间窝，两髁近侧部有内、外侧上髁。

③ 小腿骨　小腿骨由发达的胫骨和退化的腓骨组成。

胫骨近端粗大，由胫骨内、外侧髁组成，与股骨髁成关节，外侧髁的后下部有一短的突起，为退化的腓骨近端，称腓骨头。两髁之间为髁间隆起，两髁后方有腘肌切迹。近端前面有胫骨粗隆，粗隆与外侧髁之间有伸肌沟。骨体上半部呈三棱柱状，胫骨嵴由胫骨粗隆向下延续而成；骨体下部前后扁；骨体后面较平，有腘肌线和肌线。远端小，关节面具两沟和一中间嵴，称胫骨蜗，与跗骨成关节；内侧有下垂的突起称内侧踝，外侧有与踝骨成关节的关节面。

腓骨位于胫骨外侧，骨体退化，仅保留两端。近端即腓骨头，与胫骨的外侧髁融合；远端形成单独的踝骨，呈四边形，亦称外侧踝，位于胫骨远端与跟骨之间。

后肢骨的解剖结构见图2-94～图2-101。

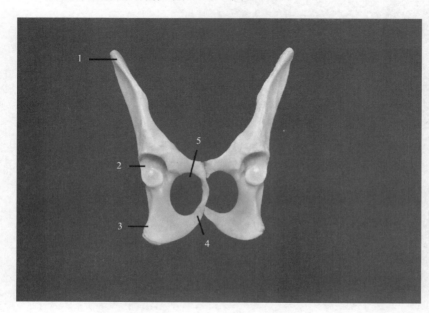

图2-94　髋骨1

1—髂骨；2—髋臼；
3—坐骨；4—耻骨；
5—闭孔

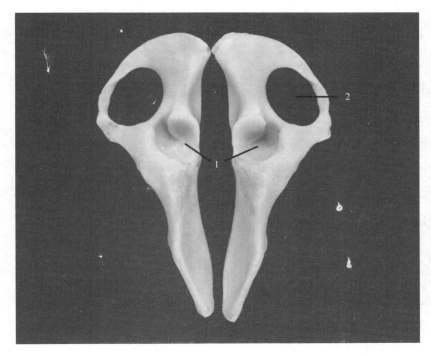

图2-95 髋骨2

1—髋臼；2—闭孔

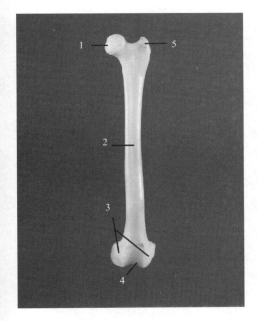

图2-96 股骨前面观

1—股骨头；

2—股骨骨干；

3—骨髁；

4—滑车关节面；

5—大转子

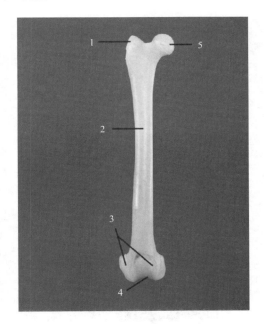

图2-97 股骨后面观

1—大转子；

2—股骨骨干；

3—骨髁；

4—滑车关节面；

5—股骨头

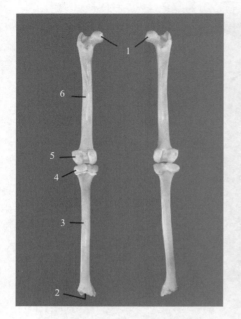
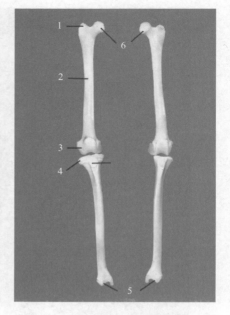

图2-98　股骨与胫骨后面观

1—股骨头；2—跗关节面；
3—胫骨；4—胫骨外侧髁；
5—股骨外侧髁；6—股骨

图2-99　股骨与胫骨前面观

1—大转子；2—股骨；
3—股骨外侧髁；4—胫骨外侧观；
5—跗关节面；6—股骨头

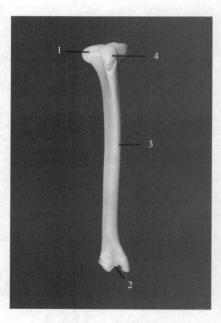
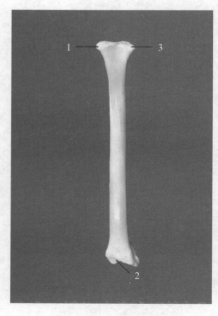

图2-100　胫骨前面观

1—胫骨外侧髁；
2—跗关节面；
3—骨干；
4—膝盖骨

图2-101　胫骨后面观

1—胫骨内侧髁；
2—跗关节面；
3—胫骨外侧髁

第三章
消化系统

　　猫消化系统包括消化管和消化腺两大部分。消化管为食物通过的管道，起于唇，经口腔、咽、食管、胃、十二指肠、空肠、回肠、盲肠、结肠和直肠，止于肛门。消化腺包括唾液腺、肝和胰，分泌消化液，参与化学消化。猫消化系统的主要作用是摄取食物、吸收营养物质，并排出代谢产物。

　　消化系统各器官解剖结构见图3-1。

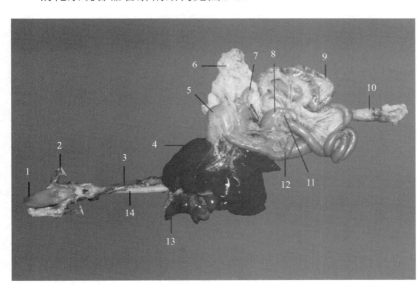

图 3-1　消化系统

1—舌；2—舌骨；
3—食管；4—肝；
5—胃；6—网膜脂肪；
7—胰腺；8—盲肠；
9—空肠；10—直肠；
11—肠系膜淋巴结；
12—十二指肠；
13—肺；
14—气管

一、消化管

　　消化管为食物通过的管道，包括口腔、咽、食管、胃、小肠、大肠和肛门，见图3-2、图3-3。

（一）口腔

　　口腔位于消化道的前端，由唇、齿、齿龈、颊、硬腭、软腭、口腔底、舌和唾液腺组成，具有采食、饮水、吸吮、咀嚼、味觉、吞咽、流涎及攻击等功能。

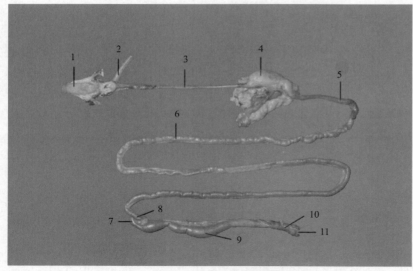

图3-2 消化道

1—舌；2—气管；
3—食管；4—胃；
5—十二指肠；
6—空肠；7—盲肠；
8—回肠；9—结肠；
10—直肠；11—肛门

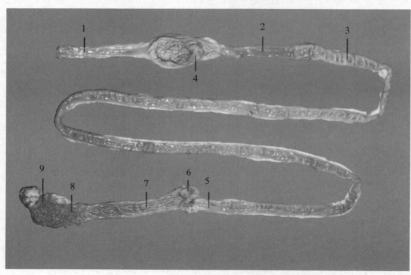

图3-3 消化道剖面观

1—食管；2—十二指肠；
3—空肠；4—胃；
5—回肠；6—盲肠；
7—结肠前段；
8—结肠后段；
9—直肠

　　舌占据口腔底中、后部，舌表面覆有黏膜，黏膜上有乳头。舌可分为舌尖、舌体和舌根三部。舌尖为舌前端游离的部分，舌体为位于两侧颊齿之间的部分，附着于口腔底，舌根为附着于舌骨的部分。舌尖和舌体交界处腹侧有与口腔底相连的黏膜褶，为舌系带。颊位于口腔两侧口角外侧，构成口腔的侧壁，硬腭和软腭构成口腔顶壁，硬腭正中间有腭缝，腭缝两侧有横向的腭褶。

　　齿是体内最坚硬的器官，嵌于切齿骨和上、下颌骨的齿槽内。上、下颌齿均排列成弓状，分别称上、下齿弓，上齿弓较下齿弓略宽。齿有切断、撕裂和磨碎食物的作用。齿包括门齿、内外中间齿、隅齿、犬齿和臼齿，形成上下齿弓。成猫有30颗牙齿，下颌共有14颗，上颌共有16颗（门牙12颗、犬牙4颗、前臼齿10颗、臼齿4颗）。

　　口腔解剖结构见图3-4～图3-6。

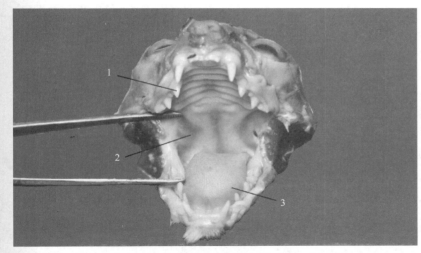

图3-4　口腔

1—齿；2—咽；3—舌

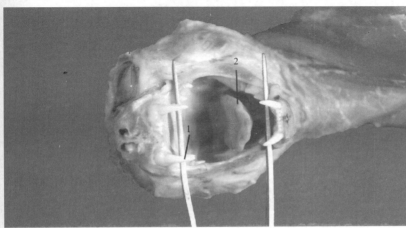

图3-5　齿与舌

1—齿；2—舌

图3-6　舌系带

1—舌系带；2—舌

唇位于口腔的前方，唇包括上下三片，唇外覆皮肤，内衬黏膜，黏膜深层有唇腺，中间为口轮匝肌。唇富有神经末梢，较敏感。唇和两鼻孔之间为鼻唇，无毛，平滑而湿润，内有鼻唇腺，腺管开口于鼻唇表面。鼻唇组织结构见图3-7～图3-12。

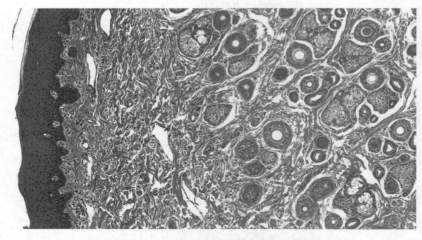

图3-7　鼻唇1（100倍）

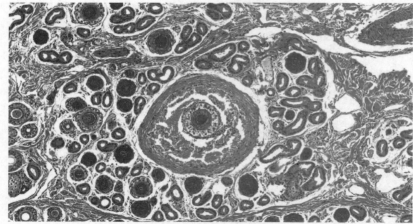

图3-8　鼻唇2（100倍）

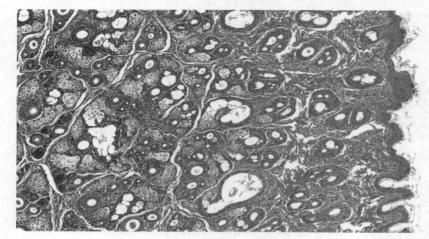

图3-9　鼻唇3（100倍）

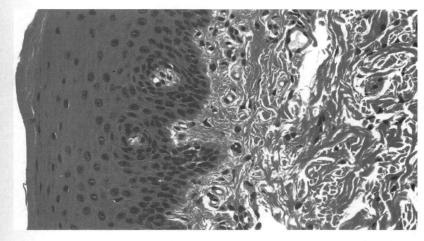

图3-10 鼻唇4
（400倍）

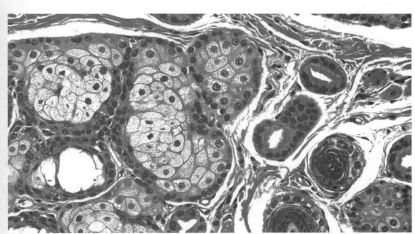

图3-11 鼻唇5
（400倍）

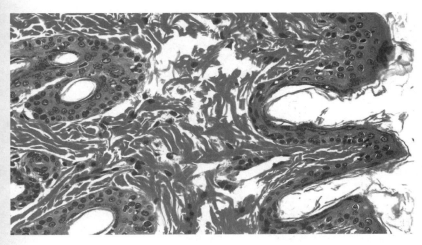

图3-12 鼻唇6
（400倍）

（二）咽

咽位于口腔和鼻腔的后方，喉和食管的前方。向前分别与鼻腔、口腔及喉腔相通，通过咽鼓管与鼓室相通。咽包括口咽部、鼻咽部和喉咽部三部分。喉口由会厌软骨、勺状软骨及勺状会厌襞围成。

咽解剖结构见图3-13、图3-14。

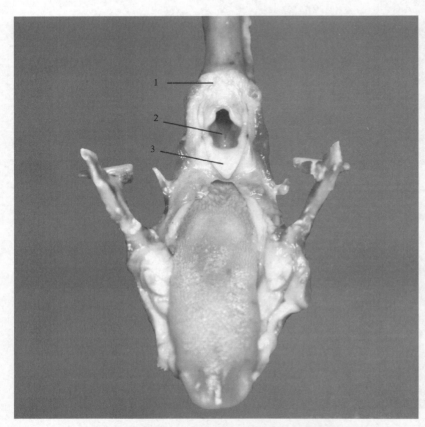

图3-13　喉口
1—食管；2—喉口；
3—会厌软骨

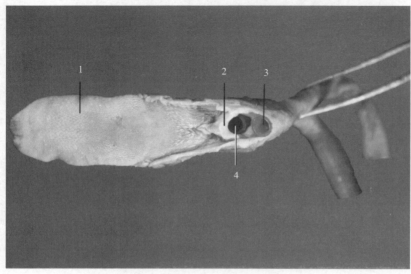

图3-14　舌与喉口
1—舌；2—会厌软骨；
3—食管口；4—喉口

（三）食管、胃与肠

食管位于咽和胃之间一段肌质性管道，可分为颈段食管、胸段食管和腹段食管三部。食管颈部始于喉与气管的背侧，至颈中部渐渐偏至气管的左侧，到胸腔前口处位于气管左背侧。食管胸部位于胸纵隔内，又转至气管背侧，在胸主动脉下方向后延伸，穿过膈的食管裂孔进入腹腔。食管腹部很短，开口于胃的贲门。

胃为消化管的膨大部分，位于腹腔内，在膈和肝的后方，前端以贲门接食管，后端以幽门连十二指肠。胃有暂时贮存食物、分泌胃液、进行初步消化和推送实物进入十二指肠等作用。猫胃为单室胃。

肠起自幽门，止于肛门，是细长的肌质性消化管，由肠系膜悬吊、固定，根据肠管粗细分为小肠和大肠。猫的小肠长度约为猫身体长度的3倍，包括十二指肠（14～16cm）、空肠和回肠。小肠是实物进行消化吸收的主要部位。猫大肠包括盲肠、结肠（23～26cm）和直肠（约5cm），直肠与肛管相连。大肠主要功能是消化纤维素、吸收水分、形成和排出粪便。

食管、胃与肠解剖结构见图3-15～图3-32。

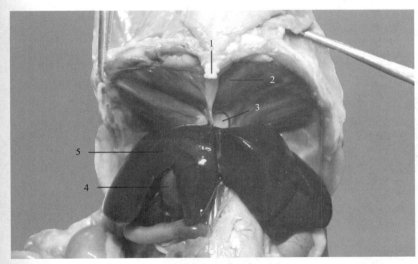

图3-15　膈

1—剑状软骨突；

2—膈肌；

3—腱镜；

4—胆囊；

5—肝

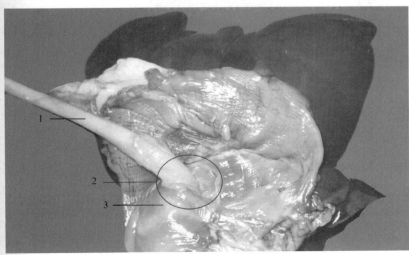

图3-16　膈食管裂孔

1—食管；

2—膈食管裂孔；

3—膈肌

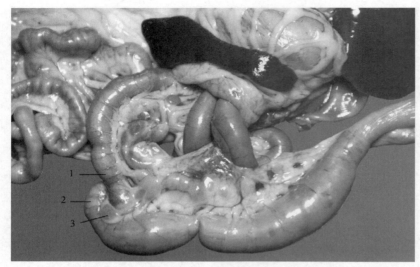

图 3-17 肠系膜淋巴
结 1

1—回肠；
2—盲肠；
3—淋巴结

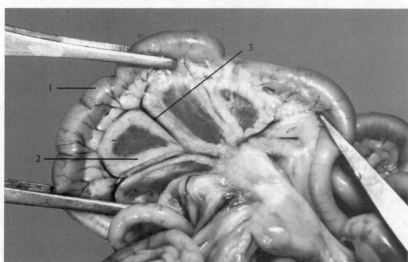

图 3-18 肠系膜静脉 1

1—空肠；2—肠系膜；
3—肠系膜静脉

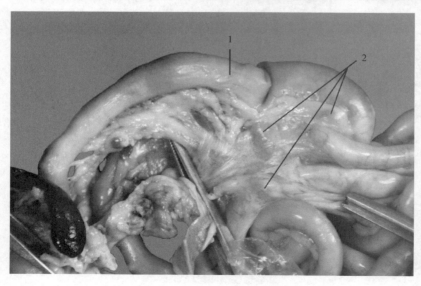

图 3-19 肠系膜淋巴
结 2

1—空肠；
2—肠系膜淋巴结

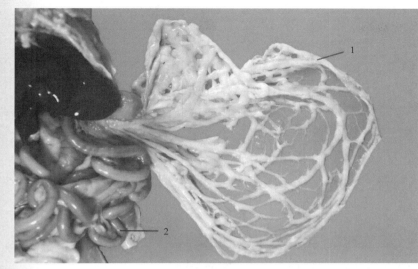

图 3-20　网膜 1

1—网膜；2—肠

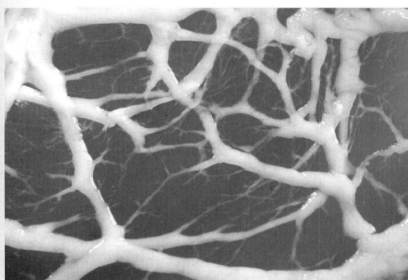

图 3-21　网膜 2

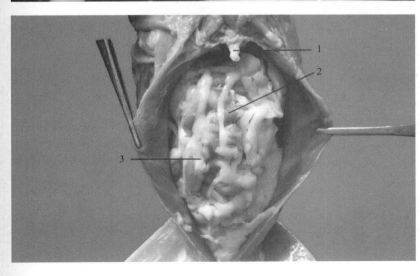

图 3-22　网膜 3

1—剑状软骨突；

2—空肠；

3—网膜

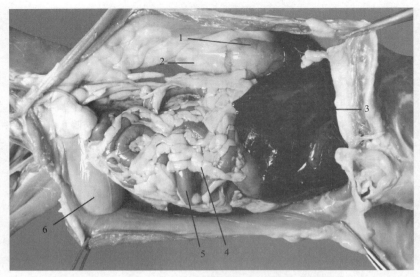

图 3-23　内脏剖面观
1—肾；2—肾脂囊；
3—肝；4—脂肪；
5—空肠；6—膀胱

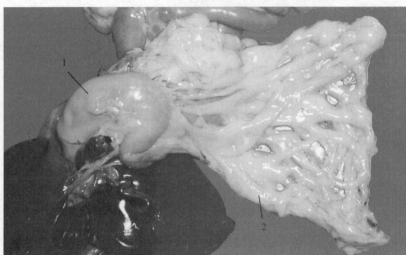

图 3-24　胃
1—胃；2—网膜

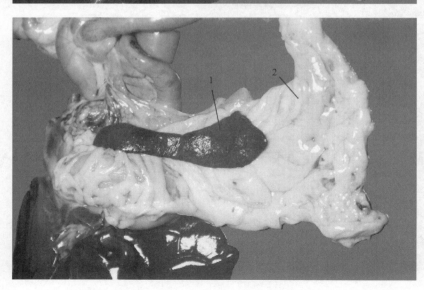

图 3-25　脾与网膜
1—脾；2—网膜

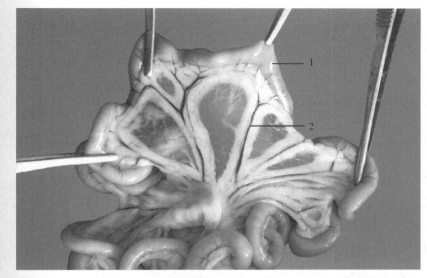

图 3-26 肠系膜静脉 2
1—空肠；2—肠系膜静脉

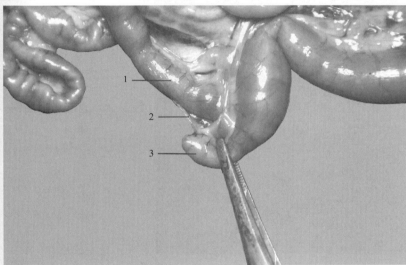

图 3-27 回盲韧带
1—回肠；2—回盲韧带；
3—盲肠

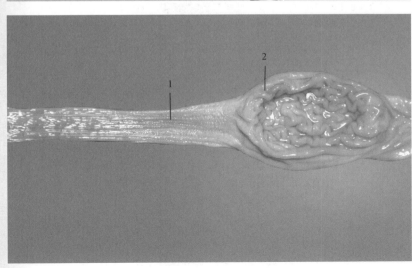

图 3-28 食管与胃
1—食管；2—胃

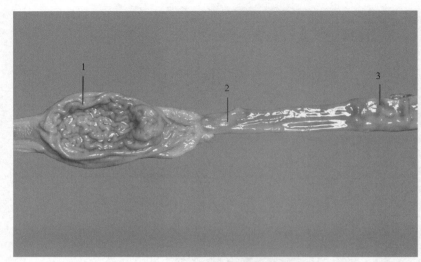

图3-29　十二指肠与胃
1—胃；2—十二指肠；
3—空肠

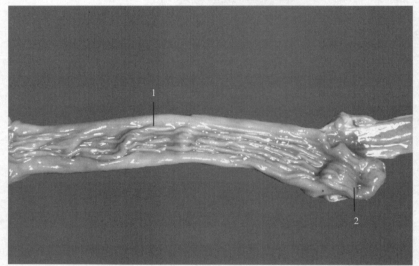

图3-30　直肠与盲肠剖
　　　　　　面观
1—直肠；2—盲肠

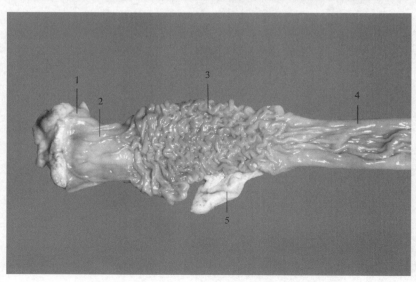

图3-31　直肠剖面
1—肛门；
2—直肠；
3—结肠后段；
4—结肠前段；
5—脂肪

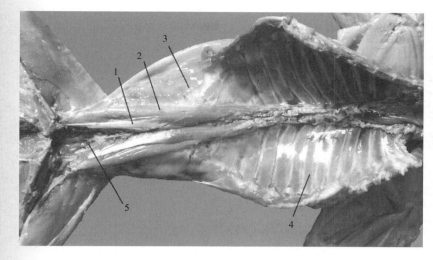

图3-32　体腔
1—腰小肌；2—腰大肌；
3—腹腔；4—胸腔；
5—骨盆腔

1.胃组织结构

胃壁为纵行皱襞，胃壁分为黏膜层、黏膜下层、肌层和外膜四层结构。

（1）黏膜层　靠近腔面，表面由单层柱状上皮覆盖，无杯状细胞，细胞顶部透明呈空泡状，系胞质中含丰富黏原颗粒而成，许多较浅的上皮凹陷即是胃小凹。上皮下为固有层，其中充满胃底腺，腺腔很窄；腺之间及胃小凹之间有少量结缔组织和散在的平滑肌纤维。固有层下可见二、三层平滑肌，为黏膜肌层，这些肌纤维的排列为内环、外纵。主细胞是胃底腺的主要细胞，数量最多，分布于胃底腺的下半部；细胞呈柱状，核圆形，位于细胞的基部。胞质嗜碱性很强，染成紫蓝色。壁细胞较主细胞少，多分布于胃底腺的上半部；胞体较大，呈圆形或三角形，核圆形，位于细胞的中央，有时在一个细胞中可见双核，胞质内有粗大的嗜酸性颗粒，染为深红色。

（2）黏膜下层　位于黏膜肌层下方，由疏松结缔组织组成。其中常见较大的血管，间或可见黏膜下神经丛。

（3）肌层　为平滑肌，其肌纤维排列成三层，为内斜、中环、外纵，但界限不易分清。在环行与纵行平滑肌之间可见肌间神经丛。

（4）外膜　为浆膜，由间皮和间皮下薄层疏松结缔组织组成。

胃组织结构见图3-33～图3-36。

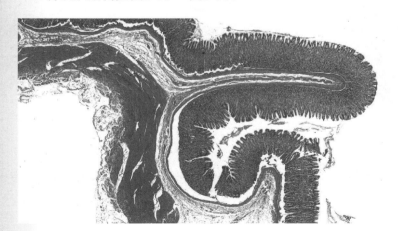

图3-33　胃1（20倍）

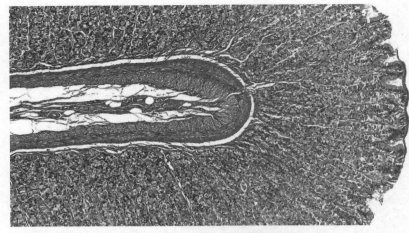

图3-34　胃2（100倍）

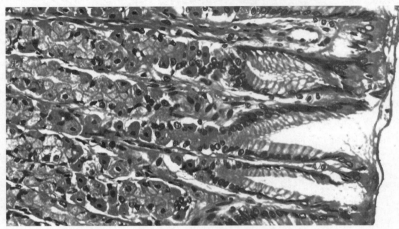

图3-35　胃3（400倍）

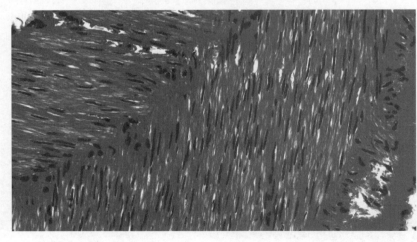

图3-36　胃4（400倍）

2.肠组织结构

小肠管壁为纵行皱襞，组织结构分为黏膜层、黏膜下层、肌层和外膜四层。

（1）黏膜层　黏膜表面有上皮与固有层共同形成的指状突起，突向管腔，为绒毛。在固有层中可见腺的各种不同断面，是肠腺。黏膜肌层薄，为内环、外纵的平滑肌。

（2）黏膜下层　黏膜下面，组成于较疏松的结缔组织，其中有血管、黏膜下神经丛和淋巴管等。十二指肠的黏膜下层内有黏膜下腺，又称十二指肠腺，分泌物为含有黏蛋白的碱性液体，保护肠黏膜免受酸性胃液的侵蚀。十二指肠和空肠有孤立淋巴结，回肠有集合淋巴结。

（3）肌层　在黏膜下层下面，由两层平滑肌（内环、外纵）组成。

（4）浆膜　在肌层外面，由疏松结缔组织和间皮组成，为浆膜。

小肠组织结构见图3-37～图3-45。

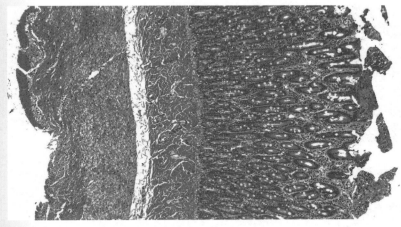

图3-37　十二指肠1
（100倍）

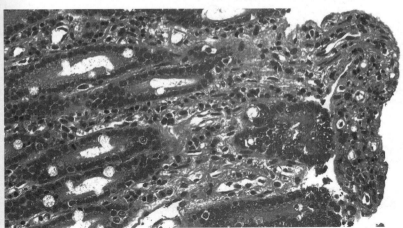

图3-38　十二指肠2
（400倍）

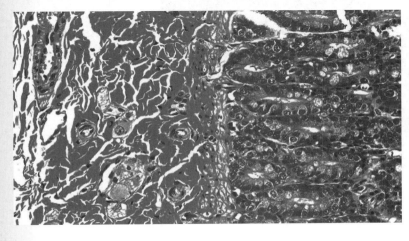

图3-39　十二指肠3
（400倍）

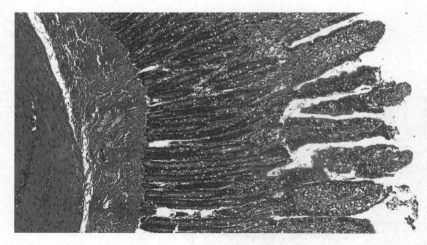

图 3-40　空肠 1
（100 倍）

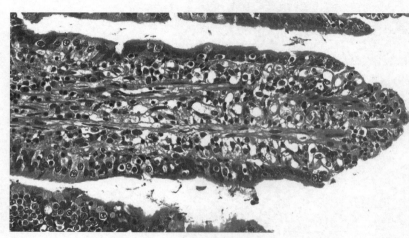

图 3-41　空肠 2
（400 倍）

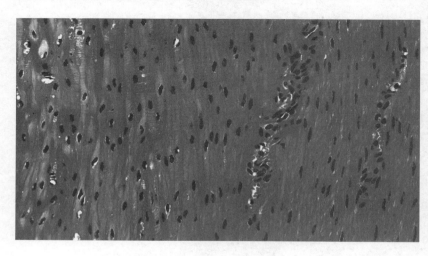

图 3-42　空肠 3
（400 倍）

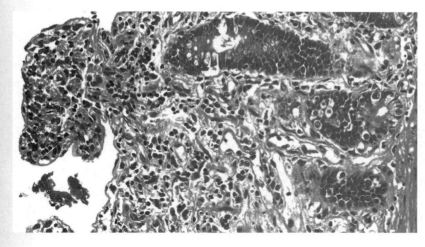

图 3-43　回肠 1
（400 倍）

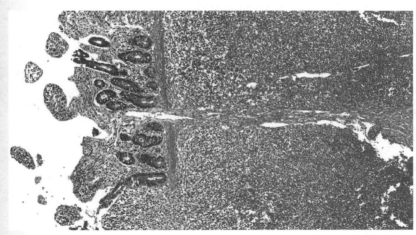

图 3-44　回肠 2
（100 倍）

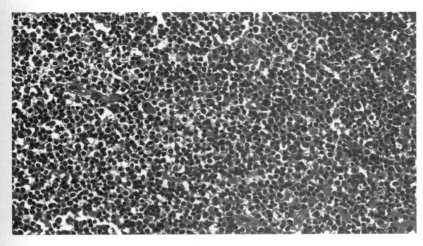

图 3-45　回肠 3
（400 倍）

大肠具有和小肠相似的四层结构。其黏膜单层柱状上皮有单层柱状细胞和大量杯状细胞。固有层富有淋巴组织；大肠腺直而长，含柱状细胞、杯状细胞、未分化细胞、内分泌细胞。黏膜下层有淋巴组织。肌层是内环外纵两层平滑肌。外膜是部分浆膜、部分纤维膜。

大肠组织结构见图3-46～图3-54。

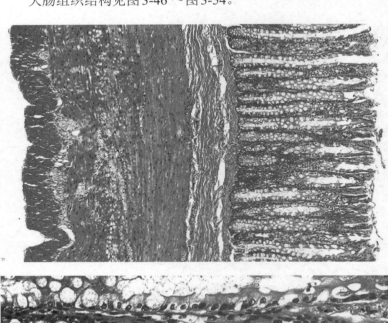

图3-46　结肠1
（100倍）

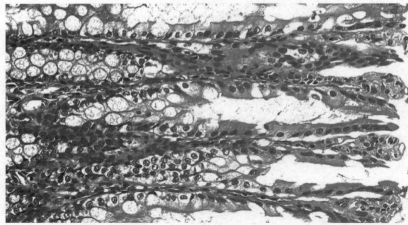

图3-47　结肠2
（400倍）

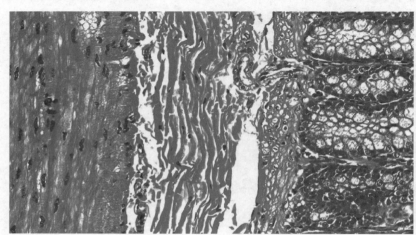

图3-48　结肠3
（400倍）

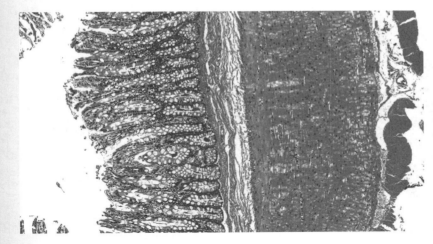

图3-49　结肠4
　　　（100倍）

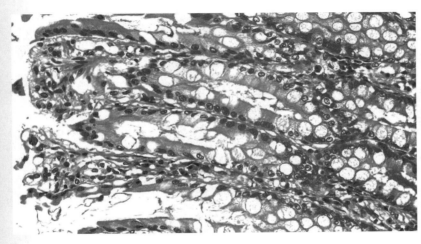

图3-50　结肠5
　　　（400倍）

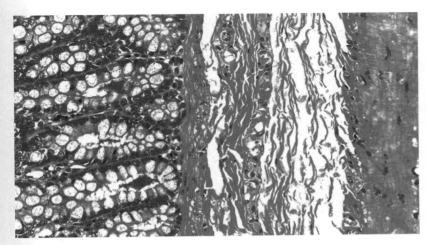

图3-51　结肠6
　　　（400倍）

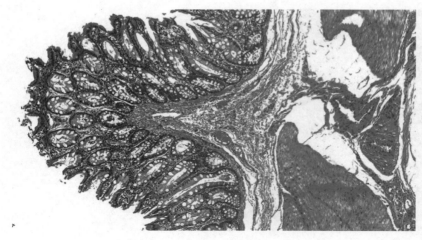

图3-52　直肠1
（100倍）

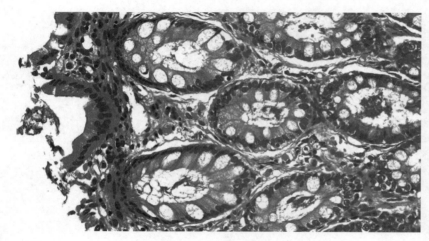

图3-53　直肠2
（400倍）

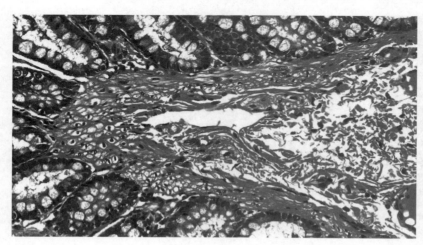

图3-54　直肠3
（400倍）

二、消化腺

消化腺包括唾液腺、肝脏、胰脏等。唾液腺包括小唾液腺和大唾液腺，均开口于口腔。

消化腺通过分泌唾液、胃酸、肠液、胆汁等消化液，促进体食物的消化与营养物质的吸收。如唾液腺分泌的唾液既可以湿润、稀释食物，使之与血浆的渗透压相等，以利于吸收；又能引起味觉器官兴奋，而其中所含的淀粉酶将淀粉分解为麦芽糖，唾液中的溶菌酶和免疫球蛋白（IgA、IgG、IgM）有一定消毒作用，因此猫常舔舐伤口消毒。胰腺外分泌部分泌的胰液中含有丰富的酶（胰蛋白酶、胰凝乳蛋白酶、羧肽酶、鱼精蛋白、胰淀粉酶和胰脂肪酶）和碳酸氢盐，可分解蛋白、脂肪和糖类，其中胰淀粉酶能将淀粉分解为麦芽糖，胰麦芽糖酶可将麦芽糖分解成葡萄糖，胰脂肪酶能将中性脂肪分解成甘油和脂肪酸使它们变成氨基酸供给机体需要。胆汁是碱性液体，食肉动物的胆汁呈赤褐色，胆汁中的辅酶和胆酸盐能促进脂肪的分解，还可促进维生素A、维生素D、维生素E、维生素K等脂溶性维生素的吸收。消化腺通过分泌黏液、抗体和大量液体，保护消化道黏膜，防止物理性和化学性的损伤。

（一）小唾液腺

散在于各部口腔黏膜内（如唇腺、颊腺、腭腺、舌腺）。

（二）大唾液腺

包括腮腺、下颌下腺和舌下腺三对，是位于口腔周围的独立的器官，其导管开口于口腔黏膜，见图3-55、图3-56。

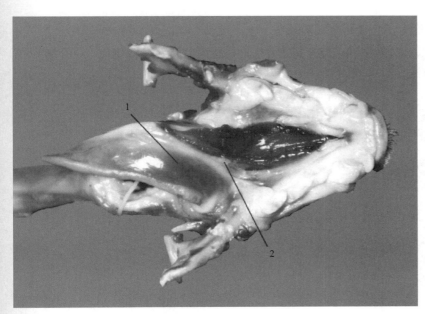

图3-55　舌下腺
1—舌；2—舌下腺

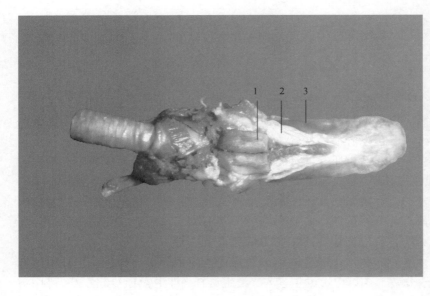

图 3-56　下颌腺

1—下颌舌骨肌；
2—下颌腺；
3—舌

（三）肝

肝为体内最大的腺体，有分泌胆汁、合成体内重要物质（血浆蛋白、脂蛋白、胆固醇、胆盐、糖原等）、储存糖元和维生素及解毒等重要功能。在胚胎时期，肝还是造血器官。

猫的肝脏为 5 叶，位于腹腔前部，重量约 95 克。胆囊呈梨形，胆管长约 5cm。位于腹腔前部膈的后方、胃的前方，为呈红褐色中间厚边缘薄的消化腺。肝脏分为大小不等的左、中、右三叶，中叶包括上方的尾叶和下方的方叶。肝各叶的输出管汇聚成肝管，开口于十二指肠。

胆囊呈梨形，附贴于肝脏面的胆囊窝内，小部分突出于肝腹侧缘以外。肝总管和胆囊管汇合成胆总管，开口于十二指肠前部乙状襻。

肝解剖结构见图 3-57 ～图 3-61。

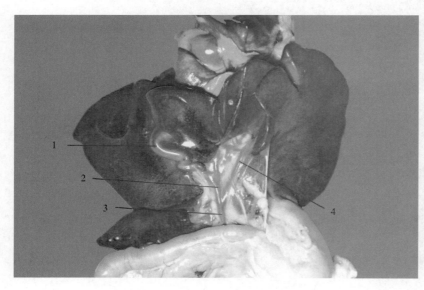

图 3-57　胆管肝管

1—胆囊；
2—胆管；
3—胆总管；
4—肝管

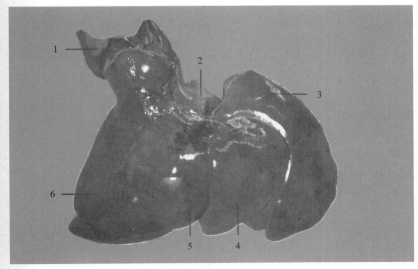

图 3-58　肝壁面观

1—肝尾叶；
2—肝方叶；
3—肝左内叶；
4—肝左外叶；
5—肝右内叶；
6—肝右外叶

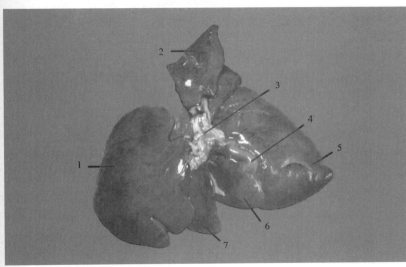

图 3-59　肝脏面观 1

1—肝左外叶；
2—肝左内叶；
3—胆管；
4—胆囊；
5—肝右外叶；
6—肝右内叶；
7—肝左内叶

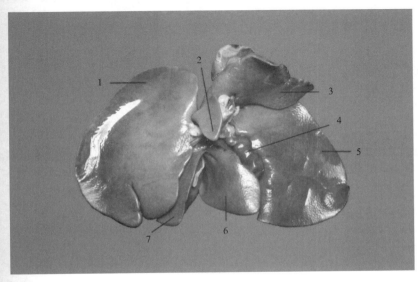

图 3-60　肝脏面观 2

1—肝左内叶；
2—肝尾叶；
3—肝右内叶；
4—胆囊；
5—肝右外叶；
6—肝方叶；
7—肝左外叶

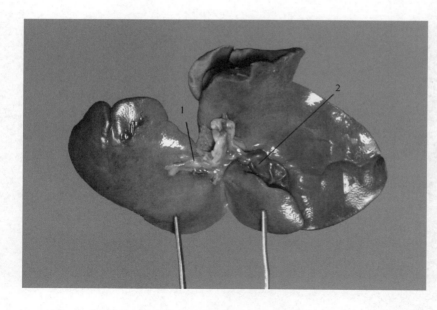

图3-61　肝管
1—肝管；2—胆囊

肝组织结构分为被膜和实质。

肝的被膜为浆膜，结缔组织在肝门处向实质内伸入将其分成若干个肝小叶，伸入的结缔组织叫小叶间结缔组织。小叶间结缔组织内含门静脉、肝动脉、肝管的分支及淋巴管和神经等，肝小叶的界限清晰与否随动物种类不同而异。猫、猪和骆驼的清晰，其他动物的不清晰。

肝实质被小叶间结缔组织分成很多肝小叶，肝小叶是肝的基本结构和功能单位，由中央静脉、肝细胞、肝板（肝细胞索）、肝血窦（窦状隙）和胆小管等构成。中央静脉由内皮和少量的结缔组织构成。肝索（或肝板）由排列不整齐的单行肝细胞构成。相邻肝板有分支吻合，形成迷路样结构。肝细胞体积较大，呈多边形；细胞核大呈圆形，位于中央，可见双核或多倍体核，可见核仁；细胞质呈粉红色。相邻肝细胞之间本应有胆小管存在，但在此标本中不能显示出来。每个肝细胞与周围有三种不同的邻接面，即血窦面、胆小管面和肝细胞连接面。肝血窦为肝板之间的空隙，窦壁衬以内皮。内皮细胞核呈扁圆形，突入血窦腔内。在血窦腔内有许多体积较大、形状不规则、具有吞噬能力的星形细胞，为肝巨噬细胞（即枯否细胞，在此标本中较难分辨）。血窦与中央静脉相通连。窦周隙为肝血窦内皮与肝细胞之间的狭小裂隙。门管区为相邻几个肝小叶之间的结缔组织内小叶间动脉、小叶间静脉、小叶间胆管所伴行分布的三角形区域。

肝组织结构见图3-62～图3-65。

（四）胰腺

胰分外分泌部和内分泌部。外分泌部占腺体的大部分，由腺泡和腺管组成，分泌胰液，内含多种消化酶，通过胰管排入十二指肠，对蛋白质、脂肪和糖类的消化有重要作用。内分泌部为胰岛，属内分泌腺，分泌胰岛素和胰高糖素，对体内糖代谢起重要调节作用。

猫胰腺紧贴于十二指肠弯曲部分，是一个扁平、小叶状腺体，呈淡黄色，边缘不规则，长约12cm，分为中叶、左叶和右叶。

胰解剖结构见图3-66～图3-69。

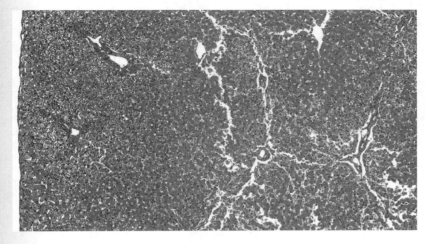

图 3-62　肝 1（100 倍）

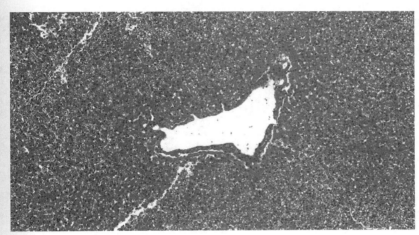

图 3-63　肝 2（100 倍）

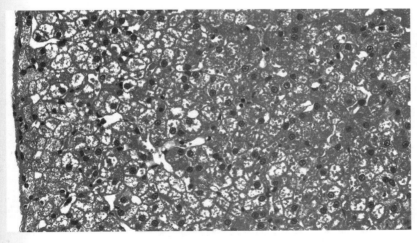

图 3-64　肝 3（400 倍）

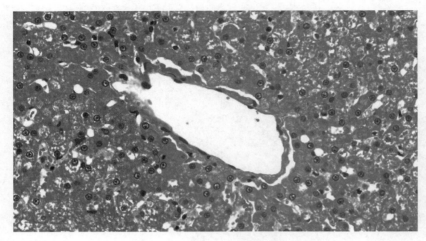

图 3-65　肝 4（400 倍）

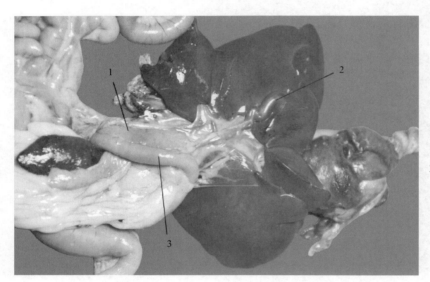

图 3-66　胰腺 1
1—胰腺；2—胆囊；
3—十二指肠

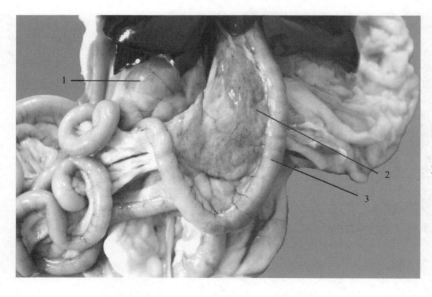

图 3-67　胰腺 2
1—肾；2—胰腺；
3—十二指肠

图3-68　胰腺3
1—胰腺；2—盲肠

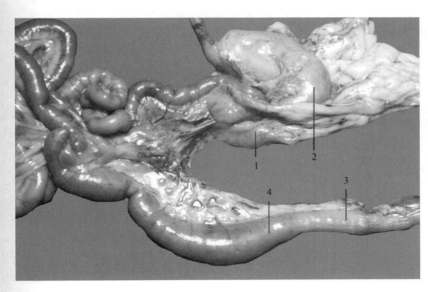

图3-69　胰腺4
1—胰腺；2—胃；
3—直肠；4—结肠

　　胰腺外分泌部是纯浆液性腺。腺泡由浆液性腺细胞组成，腺腔内有泡心细胞，导管是闰管，长，无纹状。内分泌部——胰岛为散在于腺泡之间的染色浅的细胞团。腺细胞间有丰富的毛细血管。

　　胰组织结构见图3-70、图3-71。

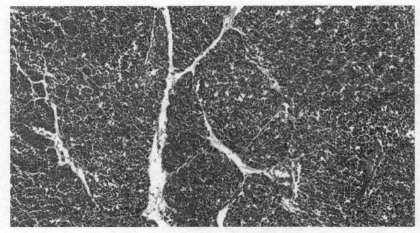

图3-70 胰腺5
（100倍）

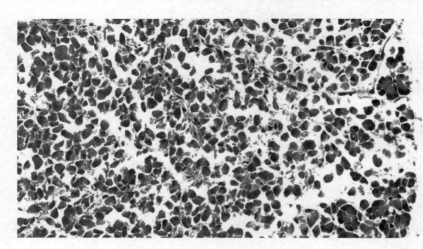

图3-71 胰腺6
（400倍）

第四章
■ 呼 吸 系 统 ■

呼吸系统执行机体和外界进行气体交换的功能，包括呼吸道和肺，呼吸道由鼻腔、咽、喉、气管和支气管组成，是气体出入肺的通道。肺由肺泡构成，进行气体交换。

呼吸系统解剖结构见图4-1、图4-2。

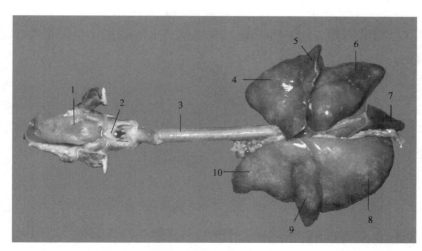

图4-1　呼吸系统1

1—舌；2—会厌软骨；

3—气管；4—右肺尖叶；

5—心叶；6—膈叶；

7—副叶；8—左肺膈叶；

9—心叶；10—左肺尖叶

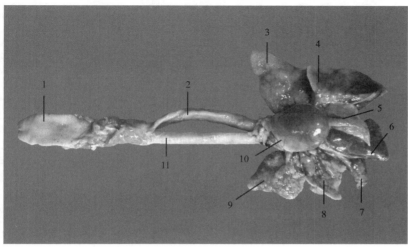

图4-2　呼吸系统2

1—舌；2—食管；

3—左肺尖叶；4—心叶；

5—膈叶；6—副叶；

7—右肺膈叶；8—尖叶；

9—膈叶；10—心；

11—气管

一、呼吸道 ■■■

（一）鼻

猫的鼻包括鼻孔、外鼻、鼻腔和鼻后孔。鼻是空气进入肺脏的起部，对空气进行温暖、湿润和除尘，从而减少空气对肺部的刺激。鼻道中上鼻道与下鼻道之间有狭窄缝隙，鼻腔的后上部分布有发达的嗅神经。

鼻孔位于鼻前端。外鼻是鼻软骨形成的支架，皮肤前端形成无毛的鼻镜。鼻腔为鼻孔和鼻后孔之间的顶窄底宽的狭长腔隙，向后通向鼻咽部，被鼻中隔分为左右两鼻腔，内有鼻甲将鼻腔分为上鼻道、中鼻道、下鼻道和总鼻道。鼻后孔为鼻腔后端的两个开口于咽部的孔。鼻和鼻后孔解剖结构见图4-3、图4-4。鼻旁窦为鼻腔周围颅骨（额骨、蝶骨、上颌骨、筛骨）内直接或间接与鼻腔相通的含气空腔，又称副鼻窦或鼻窦，内表面衬有一层黏膜性呼吸性上皮，包括额窦、上颌窦、蝶窦和筛窦，发挥温暖和湿润吸入的空气、减轻头颅重量的作用。

图4-3　眼与鼻
1—眼；2—鼻

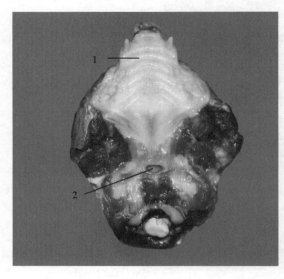

图4-4　鼻后孔
1—上腭；2—鼻后孔

（二）咽

位于口腔和鼻腔与喉和食管之间的肌性囊状结构。在喉口前方形成由不同形状的软骨构成的囊喉部，此处是食物和空气共同经过的通道，在吞咽时会使软骨盖住喉门，防止食物进入气管。

（三）喉

为位于咽的后下方气管起始端的复杂的特殊结构，由喉软骨（laryngeal cartilage）、肌肉和黏膜共同围成。喉口位于喉前端，向前通咽；后口位于喉后端，与气管相连；两者之间形成内面覆盖黏膜的喉腔。猫喉前上部的腔为喉前庭，后缘为假声带，通过假声带的震动产生咕噜咕噜的声音，假声带后有两条黏膜皱襞形成的真声带。

喉软骨包括单个的甲状软骨、环状软骨、会厌软骨和成对的杓状软骨，共4种5块，形成喉的支架，见图4-1。喉肌包括环甲肌、环杓后肌、环杓侧肌、甲杓肌和杓肌，附着于喉软骨的外侧，通过改变喉的形状，产生吞咽、呼吸及发音等活动。喉腔喉壁围成的不规则管状腔，称为喉腔。前端由会厌上缘、杓状会厌皱襞及杓状软骨间切迹围成近似三角形的喉口。喉腔内黏膜褶形成声带。

（四）气管和支气管

气管和支气管是气体出入肺的通道，为圆筒状长管，猫气管由38～43个软骨环构成支架，另由肌肉、结缔组织及黏膜等构成。"C"字形软骨缺口朝向背侧，缺口处由平滑肌和致密结缔组织连接封闭。气管由喉向后沿颈部腹侧正中线经胸腔前口入胸腔，然后经心前纵隔达心基背侧，在相当于第4～6肋间隙处分支为左、右两条主支气管，分别经肺门进入左、右肺。

气管解剖结构见图4-1～图4-5。

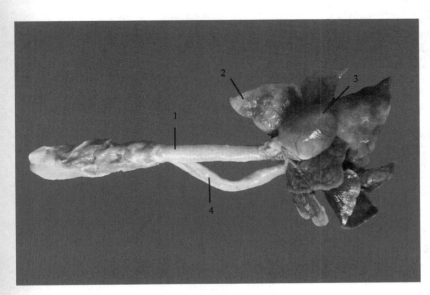

图4-5　气管与肺
1—气管；2—肺；
3—心；4—食管

气管和支气管的组织结构由黏膜、黏膜下层和外膜组成。软骨环呈C形，为透明软骨，软骨环内面衬以黏膜，黏膜有皱褶，被覆假复层柱状纤毛上皮，其中分布有杯状细胞。黏膜下层有气管腺，分泌黏液和浆液。软骨环外面为疏松结缔组织的外膜，在胸腔内的部分则为浆膜。

　　气管组织结构见图4-6～图4-9。

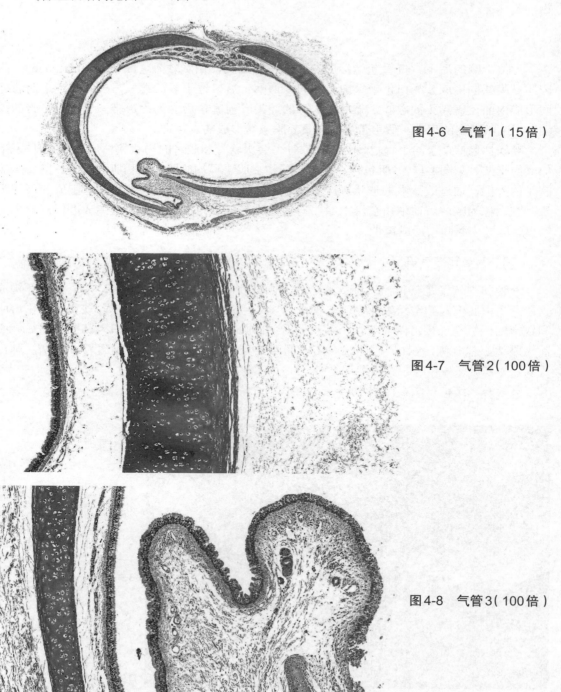

图4-6　气管1（15倍）

图4-7　气管2（100倍）

图4-8　气管3（100倍）

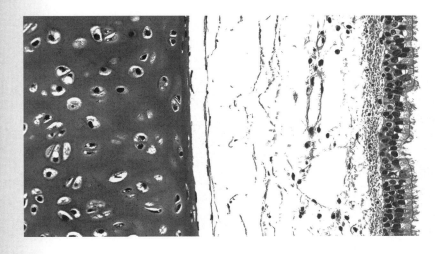

图4-9　气管4（400倍）

二、肺 ▪▪▪▪

　　猫肺全部重量约19g，是位于胸腔、富有弹性的一对海绵状呼吸器官，位于密闭的胸腔内，分为左肺和右肺。肺表面覆盖薄层光滑、湿润的胸膜，有光泽，呈浅粉色。肺表面覆盖的胸膜深入肺实质将肺分为许多肺小叶，主支气管、血管及神经经肺门进出肺。主支气管进入肺后逐级发出分支形成小支气管、细支气管、终末细支气管和呼吸性细支气管，像树枝状，称为支气管树。呼吸性细支气管与肺泡管、肺泡囊和肺泡相通，进行气体交换。

　　肺主要作用是气体交换，空气中的氧气通过肺泡壁进入毛细血管，与血液中的血红蛋白相结合后被运送到身体各组织；体组织细胞内的二氧化碳进入血液，随血液循环到达肺泡，与氧气交换后经各级支气管、主支气管、支气管、气管、喉、咽、鼻腔呼出体外。猫的右肺比左肺略大些，右肺分为4叶，左肺分为3叶，猫的正常呼吸频率每分钟为24～42次。

1.肺的缘和面

　　呈前窄后宽的圆锥形，右肺较大；左、右肺均具有一尖、一底、三个面和三个缘。肺尖呈钝圆形，肺尖向前达胸腔前口。肺底略向前凹，后方紧贴膈前面。

　　肺三个缘分别为背侧缘、腹侧缘和底后缘。背侧缘钝而圆，紧贴肋椎沟；腹侧缘边缘锐利，有心切迹，位于胸腔外侧壁和纵膈沟内；后缘钝圆，贴于脊柱两侧内面、胸外侧壁与膈之间。

　　肺三个面分别为纵膈面、肋面和膈面。肺纵膈面上形成心压迹和食管压迹。

2.肺的分叶

　　左肺分为尖叶（前叶）、心叶（中叶）、膈叶（后叶），右肺分为尖叶（前叶）、心叶（中叶）、膈叶（后叶）和位于内侧的副叶。

　　肺的组织结构属于呼吸部。肺的呼吸性细支气管壁上有肺泡的开口，黏膜上皮为单层柱状或立方上皮，因管壁上有肺泡的开口而不完整。肺泡管是由肺泡围成的管腔，切片上不易见到完整的管壁，肺泡开口处有结节状膨大。肺泡囊为数个肺泡共同围成的囊腔，肺泡隔不含平滑肌，肺泡开口处看不到结节状膨大。肺泡呈不规则球形或半球形，壁由两种细胞（Ⅰ型和Ⅱ型细胞）构成。

肺解剖结构见图4-1 ～图4-10。

肺组织结构见图4-11 ～图4-13。

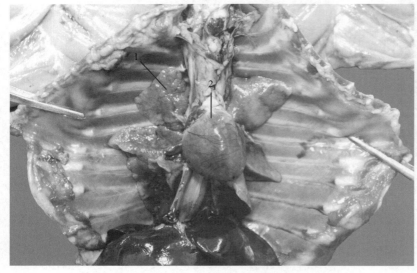

图4-10　肺和心
1—肺；2—心

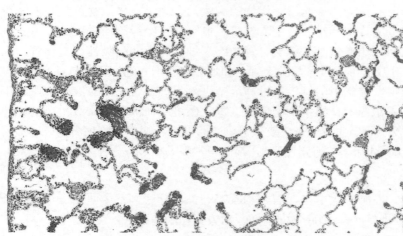

图4-11　肺1（100倍）

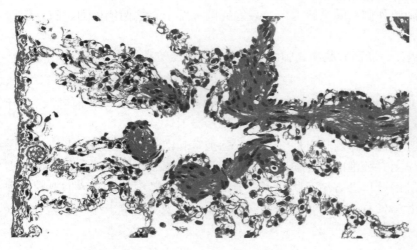

图4-12　肺2（400倍）

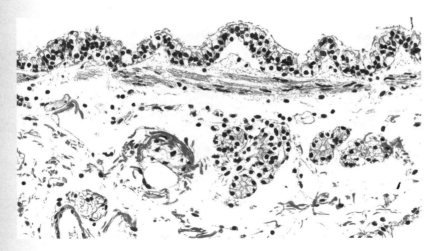

图4-13　肺3（400倍）

第五章

■ 泌 尿 系 统 ■

泌尿系统由肾、输尿管、膀胱和尿道组成。肾是生成尿液的器官；输尿管为输送尿液至膀胱的管道；膀胱为暂时贮存尿液的器官；尿道是排出尿液的管道；后三者合称尿路。泌尿系统通过形成尿液将机体代谢过程中所产生的尿素、氨、尿酸等各种产物排泄到体外。

泌尿系统各器官解剖结构见图5-1。

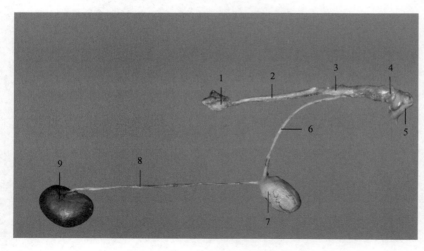

图5-1　母猫泌尿生殖
　　　　系统
1—卵巢；2—子宫角；
3—子宫；4—阴道；
5—阴门；6—尿道；
7—膀胱；8—输尿管；
9—肾

一、肾脏 ■■■

猫的肾脏为呈蚕豆状、红褐色实质性器官，位于腹腔背壁脊柱的两侧肝的后方，左右各一。不分叶，只有一个肾乳头，尿集合管开口于肾乳头顶端。肾内侧缘凹陷形成肾门，输尿管和肾血管由此处出入肾。猫每天的排尿量为100～200ml，尿的相对密度为1.055左右。

肾脏的组织结构中肾小体为圆形或椭圆形，由肾小球和肾小囊构成。肾小球（血管球）是一团蟠曲的毛细血管，周围由肾小囊包围。肾小囊外层为单层扁平上皮，内层为足细胞。肾小管的近曲小管位于皮质迷路内肾小体周围，管径粗，管腔小，管壁由锥形或立方形细胞组成，细胞界限不明显，胞质较红染，细胞游离面有刷状缘，基部有纵纹，核圆形位于基底部。远曲小管位于皮质迷路内肾小体周围，数量少，与直部相似，细胞界限较清楚，胞质淡然，核圆形，位于中央。集合管位于髓放线和髓质，管腔大，管壁为单层立方或柱状上皮，细胞界限清楚，胞质着色淡而清亮，核圆形，位于中央。

肾解剖结构见图5-2、图5-3。

肾组织结构见图5-4～图5-6。

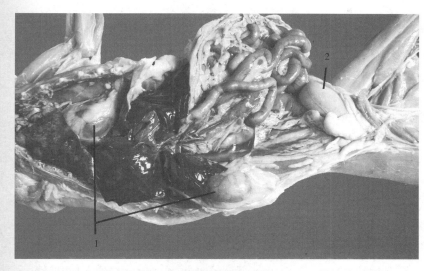

图5-2　肾与膀胱1
1—肾；2—膀胱

图5-3　肾与膀胱2
1—膀胱；
2—输尿管；
3—肾

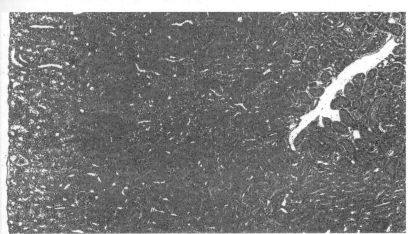

图5-4　肾1（100倍）

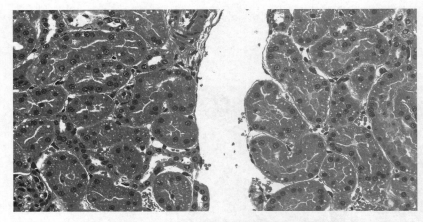

图5-5　肾2（400倍）

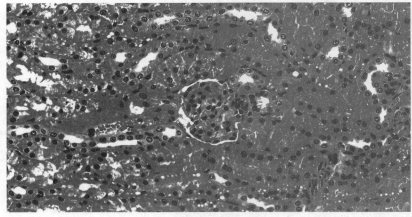

图5-6　肾3（400倍）

二、输尿管 ▪▪▪▪

为一对位于肾门内的肾盂和膀胱之间的细长管道，进入膀胱后斜行穿入并在膀胱壁内延伸一段距离后开口于膀胱颈附近壁内，功能为将尿液从肾盂运输至膀胱，见图5-1、图5-3。

三、膀胱 ▪▪▪▪

膀胱为暂时贮存尿液的器官，呈圆形至长卵圆形，其形状和位置随所含尿液多少而有所不同。空虚时缩小而壁增厚，位于骨盆腔内；充满时则扩大而壁变薄，向前突入腹腔内。公猫膀胱背侧面与直肠、尿生殖襞、输精管末部、精囊腺等毗邻，母猫膀胱与子宫、子宫阔韧带和阴道邻接。膀胱分为3部分，前端钝圆，称膀胱尖（顶）；后端细小，称膀胱颈；中间为膀胱体。膀胱颈延续为尿道，以尿道内口与之相通。

膀胱的组织结构由黏膜、肌层和浆膜三层构成。黏膜厚而无腺体，形成不规则的皱褶，上皮为变移上皮。在近膀胱颈背侧壁上，输尿管末端行于黏膜下呈柱状隆起，称输尿管柱，终于输尿管口。在输尿管口处有一对低的黏膜褶向后延伸，称输尿管壁，两者向后汇合成尿道嵴，经尿道内口延续入尿道。两输尿管壁间的区域黏膜下组织不发达，在膀胱收缩时不起皱，称为膀胱三角。肌层由内纵、中环、外纵（或斜）三层平滑肌组成。膀胱壁的外层在膀胱顶和体部为浆膜，在膀胱颈为结缔组织的外膜。浆膜沿膀胱的两侧和腹侧正中移行到骨盆腔壁，形成一对膀胱侧韧带和一膀胱正中韧带，借此固定膀胱的位置。

　　膀胱解剖结构见图5-7～图5-9。

　　膀胱组织结构见图5-10～图5-12。

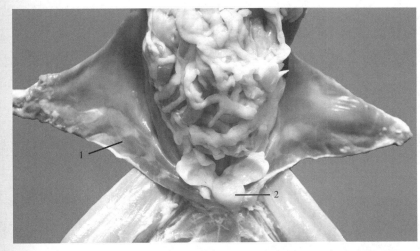

图5-7　膀胱1

1—腹壁肌；2—膀胱

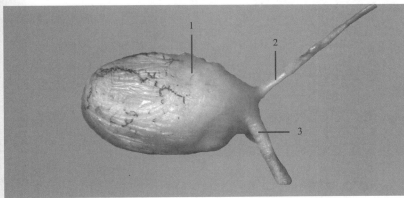

图5-8　膀胱2

1—膀胱；2—输尿管；
3—尿道

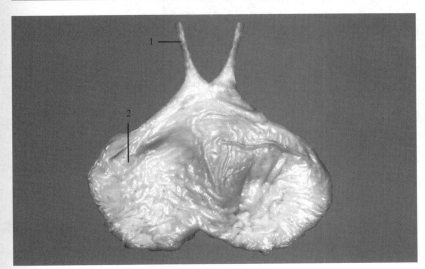

图5-9　膀胱剖面观

1—输尿管；2—膀胱

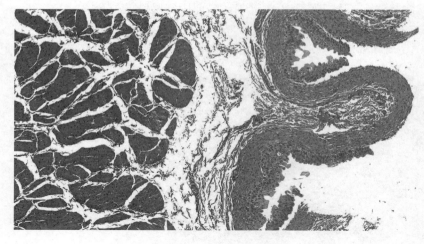

图5-10 膀胱3
（100倍）

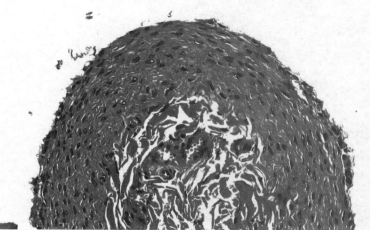

图5-11 膀胱4
（400倍）

图5-12 膀胱5
（400倍）

四、尿道 ▪▪▪

尿道是将尿液从膀胱运输至体外的管道。公猫尿道细长，起自膀胱的尿道内口，止于尿道外口，兼有排尿和排精功能。母猫尿道较短，起于尿道内口，开口于阴道前庭，见图5-1。

第六章

■生殖系统■

生殖系统包括雄性生殖系统和雌性生殖系统，功能为产生生殖细胞，分泌性激素，繁殖新个体和延续种族。

一、雄性生殖系统 ■■■

公猫生殖系统包括睾丸、附睾、输精管、尿生殖道、阴茎、精索、阴囊、包皮和副性腺。副性腺包括前列腺和尿道球腺，猫无精囊腺。

1.睾丸

猫的睾丸呈椭圆形，有附睾附着，位于肛门的腹面阴囊内。睾丸分为睾丸头、睾丸体和睾丸尾。一对睾丸重4～5g。睾丸内可见许多弯曲的曲细精管，其上的生精上皮产生形似蝌蚪的精子，许多曲细精管在睾丸纵隔内汇集成输出管，输出管出睾丸后进入附睾头盘曲而成附睾管，附睾再延伸形成一个细长的输精管。睾丸功能是产生精子，分泌雄性激素。

睾丸的组织结构主要是曲精小管和睾丸间质。曲精小管的切面为圆形、椭圆形的断面。睾丸间质组织是填充在曲精小管之间的薄层结缔组织，其中可见有成群分布的睾丸间质细胞。

睾丸的曲精小管管壁为特殊的复层上皮，上皮外为薄层基膜，基膜外为肌样细胞。精小管管壁上皮由各级生精细胞和支持细胞构成。

精原细胞：紧靠曲精小管基膜分布的一层细胞，细胞较小，呈圆形或椭圆形，胞质着色浅，核大而圆，深染。

初级精母细胞：多位于精原细胞内侧，有数层，胞体大而圆，胞质丰富，核也大，呈圆形，多处于分裂状态，可见核内密集成团深染的染色体。

次级精母细胞：位于初级精母细胞的内侧，体积较初级精母细胞小，呈圆形，核内染色质细网状，不见核仁，由于次级精母细胞分裂间期短，所以在切片中少见。

精子细胞：位于次级精母细胞内侧，接近管腔，排列成数层，胞体小，呈圆形，核呈圆形，小而染色深，早期可见清晰的核仁，晚期核浓染，由于精子经过复杂的形态变化形成精子，所以在切片上可见变态中的精子细胞。

精子：形如蝌蚪，可分为头、颈、尾三部分，刚形成的精子成群地以头部附着于支持细胞游离端，尾部朝向管腔。

支持细胞：数量少，分散于各级生精细胞之间，呈锥状或高柱状，底部附着于基膜上，顶端伸向管腔，因相邻支持细胞的侧面之间，镶嵌有许多各级生精细胞，在游离端，多个变态中的精子细胞以头部嵌附其上，由于各类生精细胞的嵌入，细胞界限不清，胞质不显，所以切片上只见核，核大，椭圆形或三角形。

睾丸解剖结构见图6-1、图6-2。

睾丸组织结构见图6-3、图6-4。

2.附睾

附睾紧贴睾丸的上端和后缘，可分为头、体、尾三部。头部由输出小管蟠曲而成，输出小管的末端连接一条附睾管。附睾管蟠曲构成体部和尾部。管的末端急转向上直接延续成为输精管。附睾管除贮存精子外还能分泌附睾液，其中含有某些激素、酶和特异的营养物质，它们有助于精子的成熟。附睾内部有许多圆形、卵圆形或不规则形上皮管断面，断面之间为疏松结缔组织，上皮为假复层柱状上皮，见图6-5、图6-6。

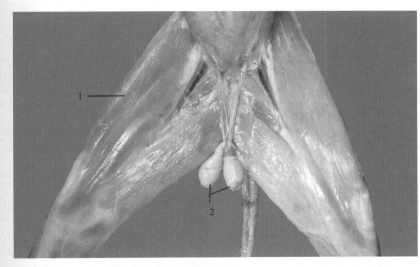

图6-1　睾丸1
1—后肢；2—睾丸

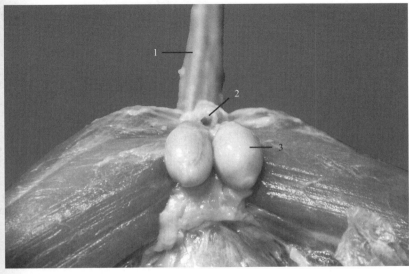

图6-2　睾丸2
1—尾；2—肛门；
3—睾丸

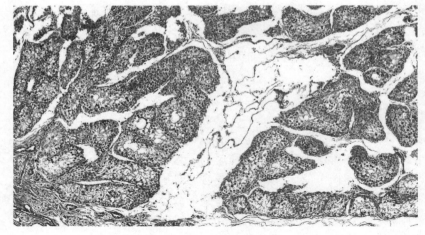

图6-3　睾丸3（100倍）

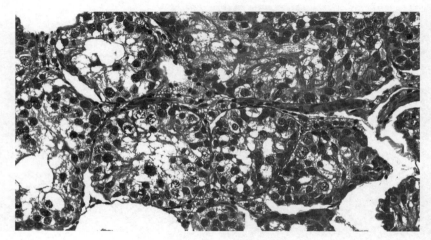

图6-4　睾丸4（400倍）

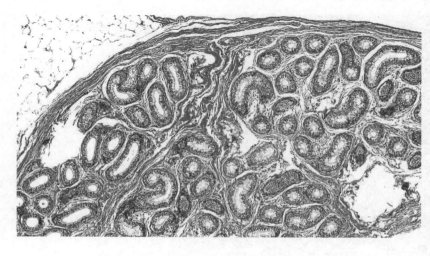

图6-5　附睾1（400倍）

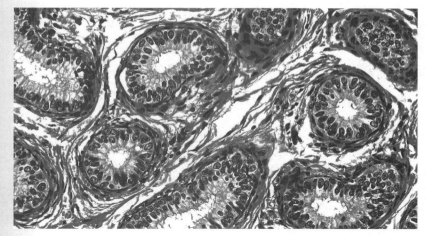

图6-6 附睾2(400倍)

3.精索

精索是基部附着于睾丸和附睾，从腹股沟管深环至睾丸上端的一对柔软的圆索状结构，其内主要有输精管、睾丸动脉、蔓状静脉丛、输精管动、静脉、神经、淋巴管和鞘韧带等，精索外被三层被膜（精索外筋膜、提睾肌、精索内筋膜）。精索内的睾丸动脉长而弯曲，睾丸静脉围绕动脉形成蔓状丛。去势时必须切断精索，并注意消毒和防止出血，以免引起失血过多和化脓性精索瘘。

精索解剖结构见图6-7、图6-8。

精索组织结构见图6-9～图6-11。

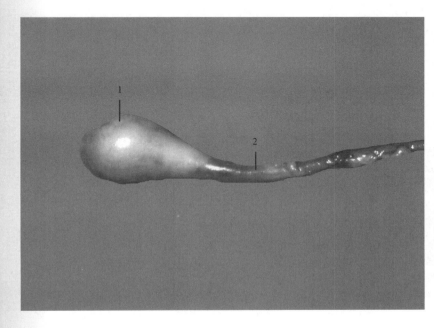

图6-7 睾丸与精索1

1—睾丸；2—精索

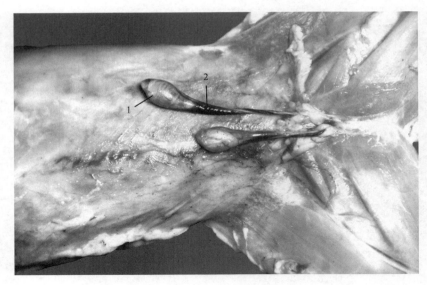

图6-8 睾丸与精索2

1—睾丸；2—精索

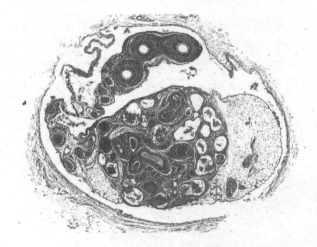

图6-9 精索1（30倍）

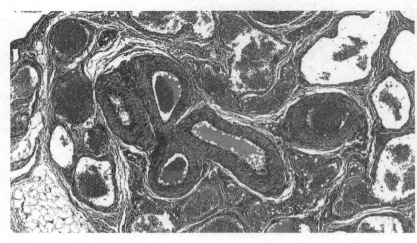

图6-10 精索2
（100倍）

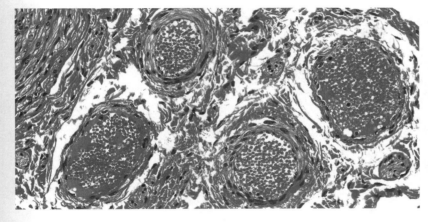

图6-11　精索3
（400倍）

4.阴茎

　　猫的阴茎远端有一块阴茎骨，又称内脏骨。阴茎前2/3处的表面由大量角质化的乳头状突起，长0.75～1.0mm，朝向阴茎基部，交配时起加强对阴道刺激的作用，促进母猫排卵。阴茎头前端有尿道外口的开口。阴囊位于腹部与肛门腹侧之间的袋状腹壁囊结构，容纳睾丸、附睾和部分精索，由总鞘膜、筋膜、肉膜和皮肤构成，见图6-12～图6-14。

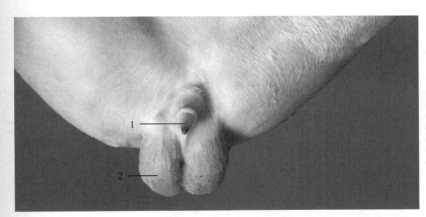

图6-12　雄性生殖器官
1—阴茎；2—阴囊

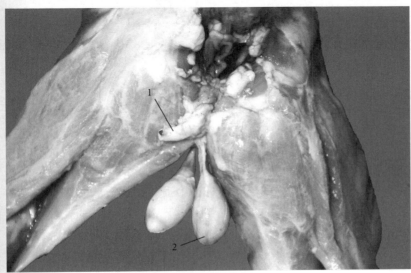

图6-13　睾丸与阴茎1
1—阴茎；2—睾丸

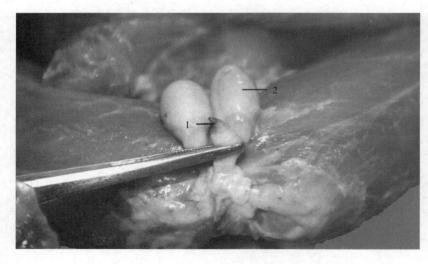

图6-14　睾丸与阴茎2
1—阴茎；2—睾丸

二、雌性生殖系统 ▪▪▪

雌性生殖器官由内生殖器和外生殖器组成。内生殖器包括卵巢、输卵管、子宫、阴道和阴道前庭，外生殖器即外阴。

雌性生殖器官解剖结构见图6-15。

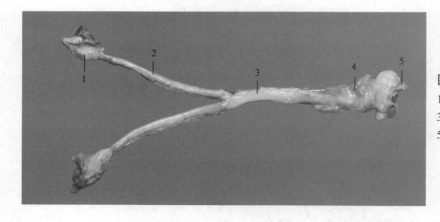

图6-15　雌雄生殖器官
1—卵巢；2—子宫角；
3—子宫；4—阴道；
5—肛门

1.卵巢

猫的卵巢位于腹腔脊柱两侧肾的后方，卵巢系膜悬挂于子宫阔韧带，并借卵巢悬韧带和卵巢固有韧带与盆腔侧壁及子宫相连。卵巢为一对蚕豆状器官，由卵巢系膜固定于脊柱旁腰椎下，有血管和神经经卵巢门出入卵巢。卵巢表层有一层上皮组织，深层有薄层结缔组织。卵巢的内部结构可分为皮质和髓质。皮质位于卵巢的周围部分，主要由卵泡和结缔组织构成；髓质位于中央，由疏松结缔组织构成，其中有许多血管、淋巴管和来自卵巢神经丛和子宫神经丛的神经。卵细胞起源于卵巢的生殖上皮，母猫达到性成熟的主要生理特征是卵细胞在卵巢中的成熟和排出。当公猫的精子与成熟的卵子结合时，即可使母猫怀孕，进入妊娠状态。卵巢除产生卵细胞、分泌类固醇激素、雌激素和孕激素外，还分泌少量雄激素，促进生殖器官发育与妊娠，维持性征。

卵巢组织结构由被膜与实质构成。被膜包括由单层立方或扁平上皮构成的生殖上皮和致密结缔组织构成的白膜。实质由皮质和髓质构成。皮质含不同发育阶段的卵泡、黄体和白体及闭锁卵泡等，之间有特殊的基质髓质（由基质细胞、网状纤维和平滑肌构成）：含有较多疏松结缔组织，弹性纤维较多，其中含有许多血管和淋巴管。

卵巢解剖结构见图6-16。

卵巢组织结构见图6-17～图6-19。

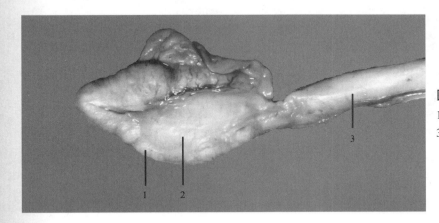

图6-16 卵巢1
1—输卵管；2—卵巢；
3—子宫角

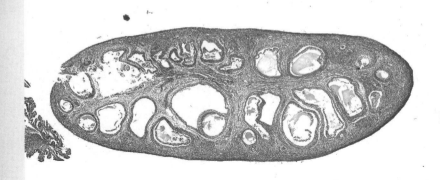

图6-17 卵巢2（15倍）

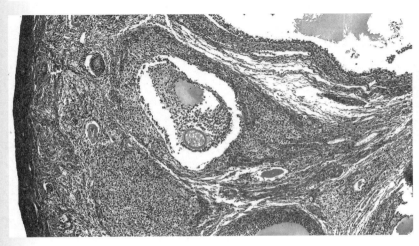

**图6-18 卵巢3
（100倍）**

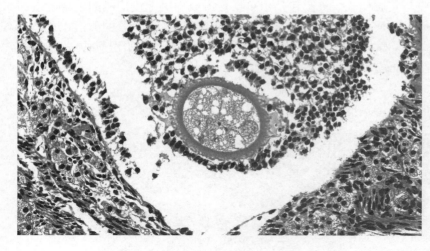

图6-19　卵巢4
（400倍）

2.输卵管

输卵管是输送卵子和受精的弯曲的肌性管道，位于卵巢与子宫角之间的输卵管系膜内。输卵管可分为漏斗部、壶腹部、峡部和子宫部四段。输卵管漏斗部为输卵管卵巢端漏斗状的膨大部分，其游离缘有许多不规则的皱褶，形似伞状，称输卵管伞。中央有与腹膜腔相通的输卵管腹腔口。输卵管壶腹部为输卵管从腹腔口到峡部管腔较粗的部分，是精子和卵子结合受精的部位。输卵管峡部为输卵管后段连接子宫角的狭窄部分。

输卵管在组织结构上有丰富的弹性组织、血管和淋巴管。输卵管的肌肉组织一般分为两层，即环形的内层和纵行的外层。输卵管腔内覆以黏膜，其上皮系由单层柱状细胞所组成。由于管腔没有黏膜下层，故黏膜层直接与肌层相接触；黏膜排成纵向的折襞。

输卵管解剖结构见图6-16。

输卵管组织结构见图6-20～图6-23。

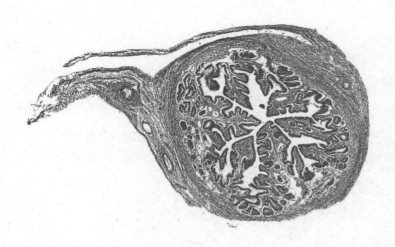

图6-20　输卵管1
（50倍）

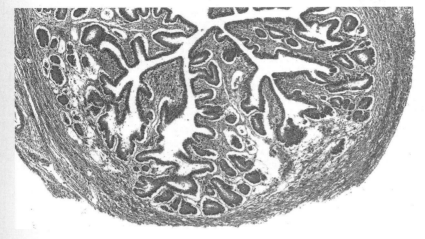

图6-21　输卵管2
（100倍）

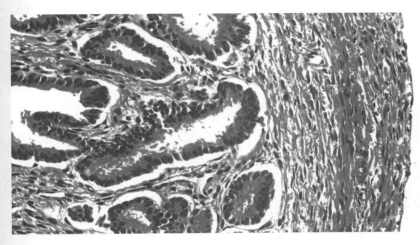

图6-22　输卵管3
（400倍）

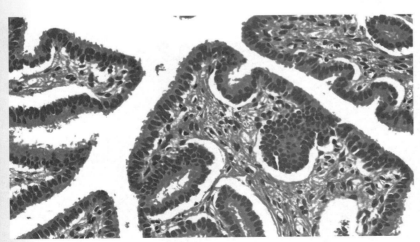

图6-23　输卵管4
（400倍）

3.子宫

猫的子宫属双角子宫，呈"Y"字形，位于直肠与小肠和膀胱之间，分为子宫角、子宫体和子宫颈，中部为子宫体。从子宫体两侧延伸至输卵管的部分即子宫角。子宫体长约4cm，子宫后端入阴道，与阴道相通部分为子宫颈。子宫接受卵巢动脉、子宫动脉和阴道动脉分支的血液提供的营养。子宫的淋巴分布广泛，子宫底和子宫体上部的多数淋巴管，沿卵巢血管注入腰淋巴结和髂总淋巴结。子宫底两侧的部分淋巴管沿子宫圆韧带注入腹股沟浅淋巴结。子宫体下部与子宫颈的淋巴管，沿子宫血管注入髂内淋巴结或髂外淋巴结，部分淋巴管向后沿髂子宫韧带注入腰荐淋巴结。分布于子宫的神经来自盆丛分出的子宫阴道丛，沿血管分布于子宫上部。

子宫的组织结构分为内膜、肌层和浆膜三层。子宫内膜上皮为单层柱状上皮，内膜可分为功能层和基底层，在内膜中可见一些管状腺的断面，是子宫腺。子宫肌层很厚，平滑肌成束，可见其不同切面，肌束之间有少量结缔组织，平滑肌纤维束交错排列，分层不明显，从内向外大致可分三层。①黏膜下层：较薄，肌束多数是纵行的，此外也有少数环形或斜形的肌纤维束。②中间层：最厚，平滑肌束以环行为主，有较大的血管穿行其间。③浆膜下层：肌纤维有纵行和环形的两种。子宫浆膜在肌层的外面，与一般浆膜的构造相同。

子宫解剖结构见图6-15。

子宫组织结构见图6-24～图6-26。

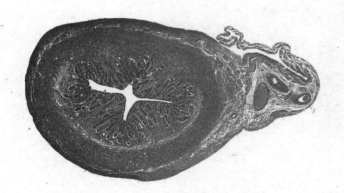

图6-24　子宫1（30倍）

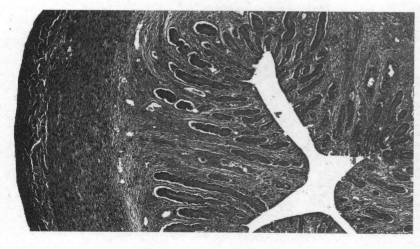

图6-25　子宫2
（100倍）

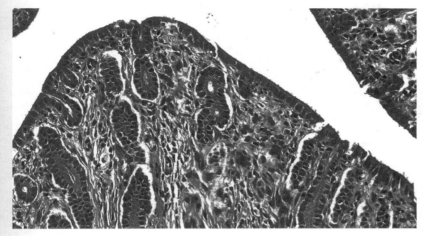

图6-26 子宫3
（400倍）

4.阴道

阴道为位于骨盆腔内、直肠与膀胱和尿道之间的交配器官和产道。阴道向后通向尿生殖前庭，尿道外口开口在生殖前庭腹侧壁；位于尿道外口前方的环形皱褶形成阴瓣；向后延伸而成尿殖窦，长约1cm，阴道尿殖窦再向后通阴门。阴道外口形成阴门，阴门左右的两片阴唇间的裂隙为阴门裂。

阴门组织结构有阴门上皮、肌肉外和纤维组织外膜，阴门表面为复层上皮。

阴门解剖结构见图6-27。

阴门组织结构见图6-28 ～图6-30。

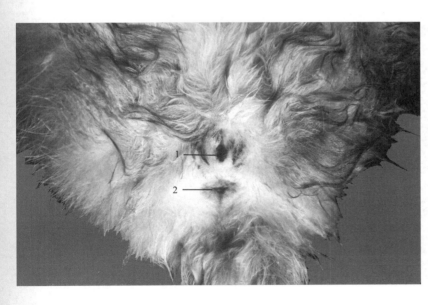

图6-27 阴门
1—阴门；2—肛门

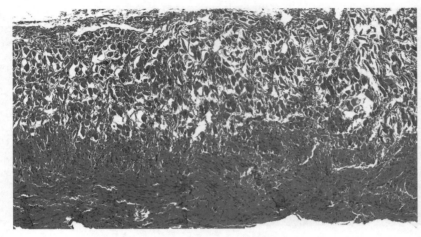

图6-28 阴门皮肤1
（100倍）

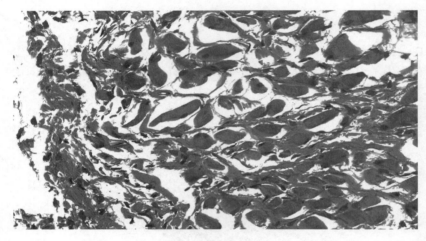

图6-29 阴门皮肤2
（400倍）

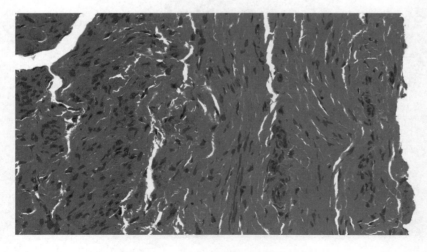

图6-30 阴门皮肤3
（400倍）

第七章
循 环 系 统

　　猫的循环系统发达，与人相似，由含有四个腔的心脏、动脉、静脉和淋巴管所组成。其中，心脏、动脉、毛细血管和静脉组成心血管系统。动脉血由左心室泵入动脉，到达全身局部组织发出分支，形成微循环，为局部组织提供氧和营养物质；运走二氧化碳和代谢产物，形成静脉血；静脉血经各级静脉回到右心房，由右心室泵入肺动脉，到肺毛细血管后与肺泡进行气体交换，使静脉血转变为富含氧气的动脉血。猫的淋巴系统是一个单向的系统，由淋巴管和与其相连的淋巴管组成。心脏自主传导系统由特殊心肌细胞构成，包括窦房结、房室结、结间束、房室束及其分支，产生并传导冲动，支配心脏搏动。其中，窦房结是心脏跳动的起搏点。

一、心脏

　　心脏为倒立、圆锥形、中空的肌质器官，位于胸腔纵隔内中，上部为宽大的心基，下方为窄小的心尖。心腔中间有房中隔和室中隔，把心腔分隔成右心房、右心室、左心房和左心室。

　　心包覆盖在心脏外面，分为心包壁层和脏层。两层心包之间形成心包腔，腔内有少量浆液，起润滑作用，能够减少心脏搏动时产生的摩擦。

　　心壁由内向外包括心内膜、心肌膜和心外膜（心包脏层）。左右房室口处的内膜和结缔组织分别形成二尖瓣和三尖瓣，在主动脉和肺动脉口形成动脉瓣。心室肌比心房肌厚，左心室肌比右心室肌厚。

　　左心房位于心基左侧，壁薄，左心耳内梳状肌发达。肺静脉开口于左心房。左心室位于心室的左后部，壁最厚，心室腔到达心尖，有主动脉口和左房室口。左房室口有二尖瓣，主动脉出口处有半月瓣。右心房位于心基的右前部，壁薄，有右心耳和静脉窦。前腔静脉和后腔静脉分别经右心房的背侧壁和后壁的静脉口进入右心房。右心室位于心室的右前部，右心室壁比左心室薄，右心室腔不达心尖。右房室口有三尖瓣。

　　心脏解剖结构见图7-1、图7-2。

　　心脏组织结构：心壁分心内膜、心肌膜和心外膜三层。心内膜较薄，表面为扁圆形的内皮细胞；内皮下层为一薄层结缔组织，其深部为心内膜下层。心内膜下层紧靠心肌膜，为结缔组织；其中含有蒲肯野氏纤维，其直径较一般心肌纤维粗，染色较浅，肌浆丰富，肌原纤维少，横纹不太明显。

图7-1 心脏

1—肺；2—心脏

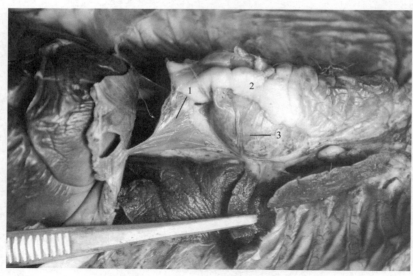

图7-2 心包

1—心包韧带；
2—脂肪；
3—心包

　　心肌膜最厚，占心壁的绝大部分，主要由心肌纤维组成，心肌纤维呈螺旋状排列，大致可分为内纵、中环、外斜，故在切片中能见到心肌纤维的各种断面。其间可见丰富毛细血管和少量结缔组织。

　　心外膜由结缔组织和间皮组成。为薄层结缔组织，其中可见小动脉（管壁厚，管腔小而规则）、小静脉（管壁薄，管腔大而不规则）、毛细血管、神经及脂肪组织。其外表面被覆一层间皮。

　　心脏组织结构见图7-3～图7-8。

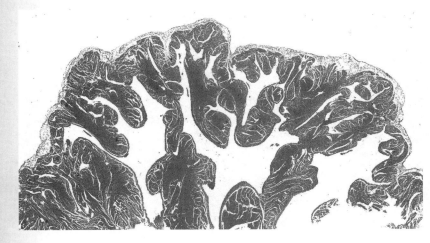

图7-3　心房1（20倍）

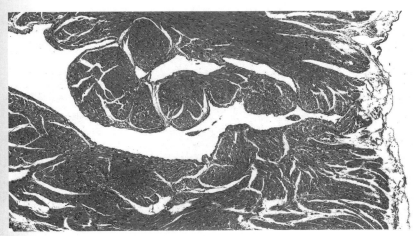

图7-4　心房2（100倍）

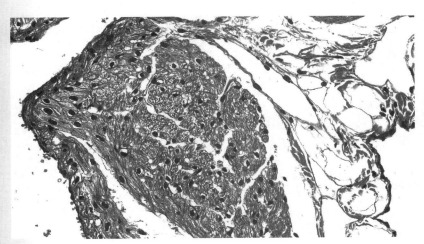

图7-5　心房3（400倍）

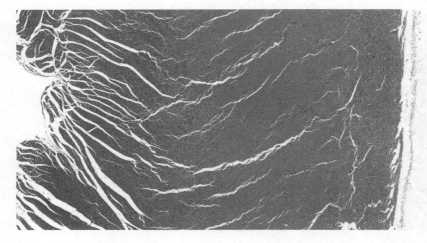

图7-6　心室1（40倍）

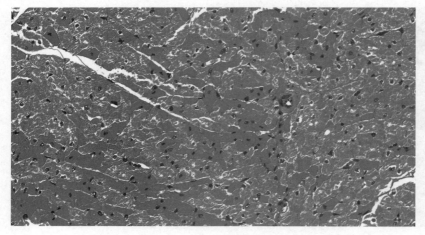

图7-7　心室2（400倍）

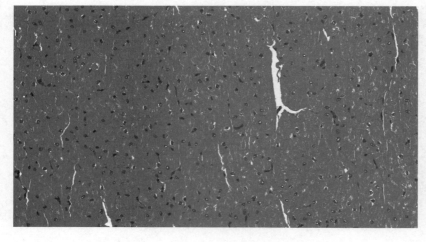

图7-8　心室3（400倍）

二、循环系统主要血管 ■■■

1. 血管种类

血管分为动脉、微动脉、毛细血管、静脉。

动脉包括大动脉、中动脉、小动脉和微动脉，由心室发出，将血液从心脏输送到全身各部。从心脏发出的大动脉有肺动脉和主动脉，主动脉又分为胸主动脉和腹主动脉。

静脉分为大静脉、中静脉、小静脉和微静脉。起于局部组织，逐级汇聚成各级静脉，收集静脉血返回心房。静脉一般与动脉伴行，与同级别的动脉相比，管径较大、管壁较薄、弹性较小。静脉有呈半月形的静脉瓣，袋口朝向心脏方向，可防止血液逆流。

毛细血管为位于动脉和静脉之间、分布最广的血管，连接微动脉和微静脉，为血液与组织之间进行物质交换提供场所，特点是管径细、管壁薄、通透性强、构造简单。

动脉和静脉组织结构：构成动脉和静脉管壁组织的除平滑肌外，主要是弹性纤维。

动脉壁一般均由3层膜组成，最内层称为内膜，由内皮及纵行排列的结缔组织构成；中间的一层称为中膜，由环形排列的组织构成；最外的一层叫外膜，由纵行排列的结缔组织构成。动脉管壁较厚，弹力纤维较多，管腔断面呈圆形，具有舒缩性和一定的弹性。

静脉内膜薄，内皮细胞呈多角形，内皮下层很薄或不明显，含少许胶原纤维、弹性纤维和成纤维细胞。中静脉大多没有内弹性膜，但下肢血管有薄的内弹性膜。中膜薄，为排列不密的环行平滑肌束，肌束间有少许结缔组织。静脉壁的肌肉较少，故较伴行的动脉壁薄。静脉的管腔较大，外弹性膜很薄或无。外膜相当厚，成自结缔组织，有些血管有较多纵行平滑肌束，有营养血管、淋巴管和神经的作用。

动脉与静脉组织结构见图7-9 ～图7-13。

图7-9　动脉1（100倍）

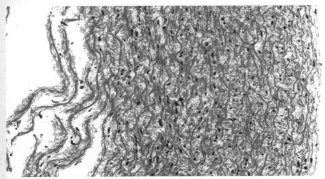

图7-10　动脉2
（400倍）

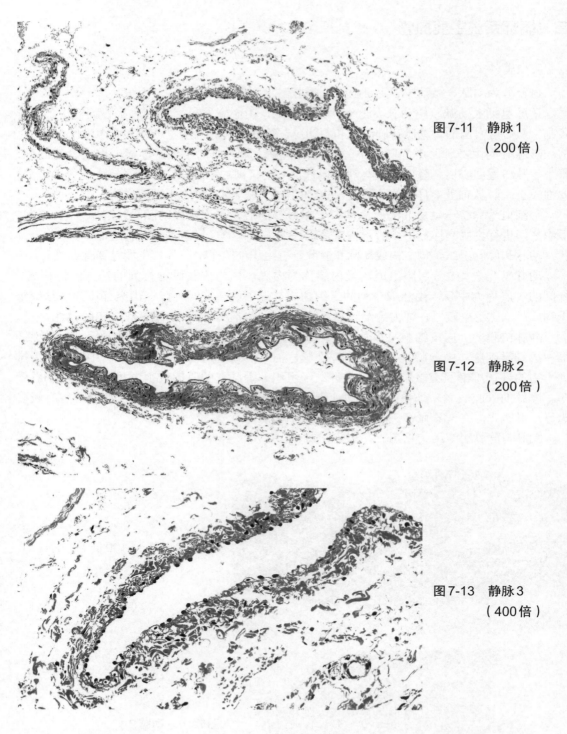

图 7-11　静脉 1
（ 200 倍 ）

图 7-12　静脉 2
（ 200 倍 ）

图 7-13　静脉 3
（ 400 倍 ）

2. 体循环的动脉

体循环又称大循环，由动脉、毛细血管和静脉组成。主动脉包括主动脉弓、胸主动脉和腹主动脉。在主动脉弓处发出臂头动脉干，形成各级分支，为整个心脏以前的所有组织提供营养和氧气。胸主动脉发出肋间动脉、支气管食管动脉及各级动脉。腹主动脉发出成对的体壁支和内脏支，为体壁和腹腔内脏提供营养和氧气。腹主动脉发出髂外动脉和髂内动脉，为后肢和骨盆腔内的器官提供营养和氧气。

3.体循环的静脉

动脉血到达局部组织毛细血管网后，进行物质和气体交换，形成静脉血，经前后腔静脉回流到右心房。

（1）心中静脉和心大静脉　收集心脏本身的静脉血经心小静脉、心中静脉、心大静脉等从冠状窦流入右心房。

（2）奇静脉　收集肋间静脉血和支气管食管静脉血，汇聚形成奇静脉弓向前跨越右肺根上缘，汇入前腔静脉。

（3）前腔静脉　舌面静脉和上颌静脉汇聚形成左右颈外静脉后联合颈内静脉、锁骨下静脉、颈外静脉、锁骨下静脉和奇静脉汇集而成前腔静脉，注入右心房。

（4）后腔静脉　主要由左髂总静脉、右髂总静脉、胃静脉、肠静脉、脾静脉、胰静脉、肝静脉等汇合而成后腔静脉，注入右心房。

循环系统主要血管解剖结构见图7-14～图7-26。

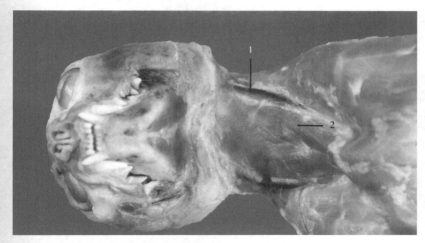

图7-14　颈静脉1
1—颈静脉；2—胸头肌

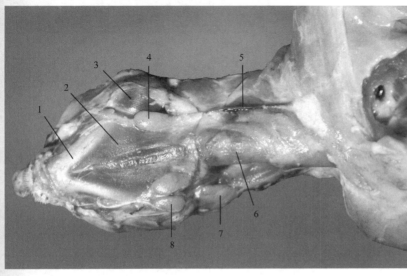

图7-15　颈静脉2
1—下颌骨；
2—翼肌；
3—咬肌；
4—下颌腺；
5—颈静脉；
6—下颌舌骨肌；
7—腮腺；
8—下颌淋巴结

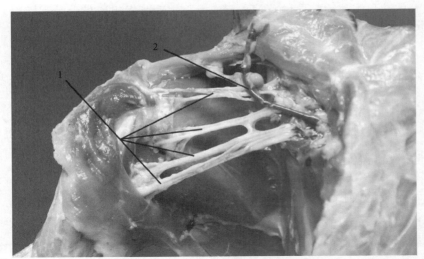

图 7-16 颈静脉 3

1—臂神经丛；
2—颈静脉

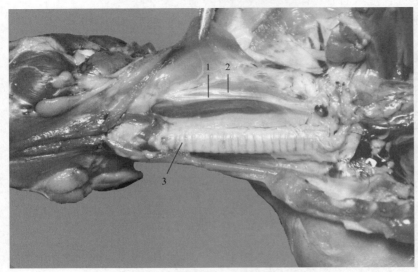

图 7-17 颈总动脉

1—颈总动脉；
2—交感迷走神经干；
3—气管

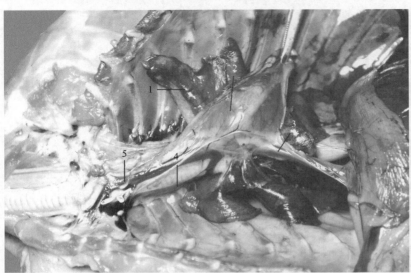

图 7-18 前腔静脉与后
腔静脉 1

1—肺；
2—心脏；
3—后腔静脉；
4—迷走神经；
5—前腔静脉

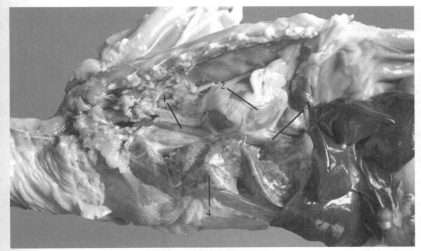

图7-19　前腔静脉与后腔静脉2

1—前腔静脉；2—心；
3—后腔静脉；4—肺

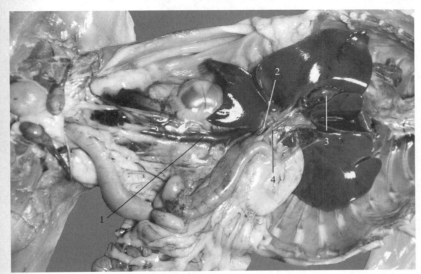

图7-20　后腔静脉

1—后腔静脉；
2—门静脉；
3—胆囊；
4—胆总管

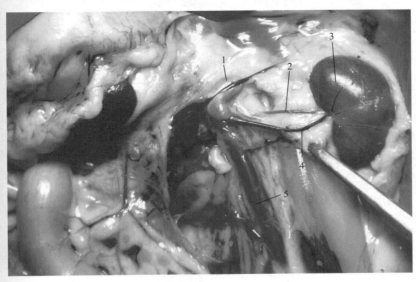

图7-21　肾动脉

1—肾上腺；
2—肾动脉；
3—肾；
4—肾静脉；
5—后腔静脉

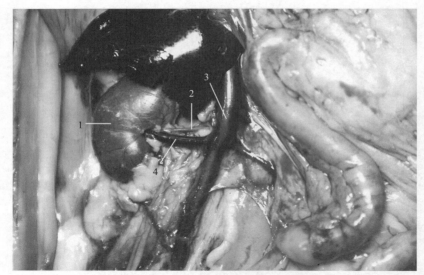

图 7-22　肾动脉与肾
　　　　　静脉

1—肾；2—肾动脉；
3—后腔静脉；4—肾静脉

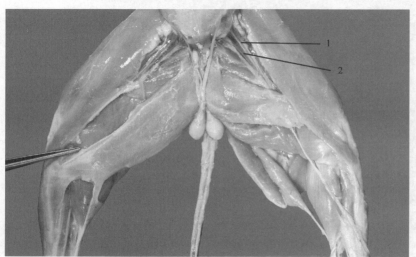

图 7-23　股动脉与股
　　　　　静脉

1—股动脉；2—股静脉

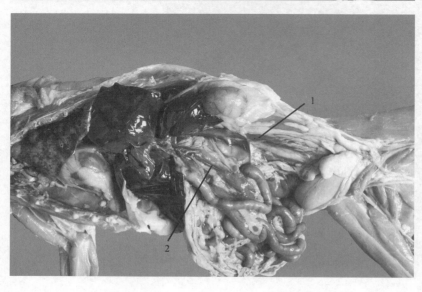

图 7-24　门静脉

1—后腔静脉；2—门静脉

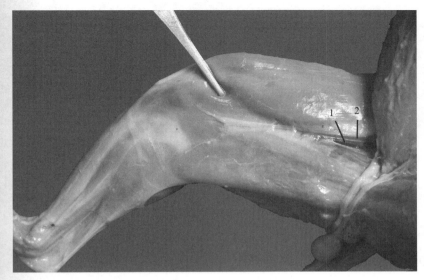

图7-25　右后肢股动脉
　　　　与股静脉

1—股静脉；2—股动脉

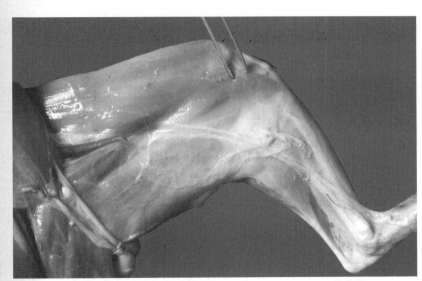

图7-26　左后肢股动脉
　　　　与股静脉

第八章

■ 免 疫 系 统 ■

免疫系统具有发挥抗感染免疫，阻止和清除入侵的病原体及其产生的毒素，并抑制病原体在体内繁殖与扩散的免疫防御作用；还具有清除体内多种衰老、损伤和死亡的细胞，并进行免疫调节、维持机体生理功能正常、保持体内各类细胞稳定的免疫稳定作用；免疫系统还具有识别、杀伤、清除体内变异的细胞，抑制肿瘤、防止各种疾病发生的免疫监视作用。

免疫系统由免疫器官、免疫组织、免疫细胞及免疫分子等组成，功能为保护机体健康。免疫器官包括胸腺、脾脏和淋巴结等，免疫细胞包括淋巴细胞、单核吞噬细胞、中性粒细胞、嗜碱粒细胞、嗜酸粒细胞及肥大细胞等。

免疫器官分为中枢免疫器官（又称初级免疫器官）和外周免疫器官（又称次级免疫器官）。

一、中枢免疫器官 ■■■

中枢免疫器官又称初级免疫器官，是免疫细胞发生、发育、分化后成熟的场所，包括胸腺和骨髓。

胸腺为位于胸腔纵隔心包前部腹侧粉红色、质地柔软的器官，出生后逐渐萎缩，被脂肪组织所代替。

胸腺组织外表面覆盖结缔组织被膜，被膜伸入胸腺实质形成小隔，将胸腺分成许多腺小叶。腺小叶的外周部分称为皮质，中央部分称为髓质。皮质内分布有大量的胸腺上皮细胞和T淋巴细胞；髓质内富含胸腺上皮细胞，分泌胸腺激素。

骨髓位于长骨的骨髓腔、扁平骨和不规则骨的松质骨中，呈海绵状，产生各种免疫细胞。能产生血细胞的骨髓为红骨髓，略呈红色。含有很多脂肪细胞的骨髓为黄骨髓，呈黄色，不能产生血细胞。

胸腺解剖结构见图8-1。

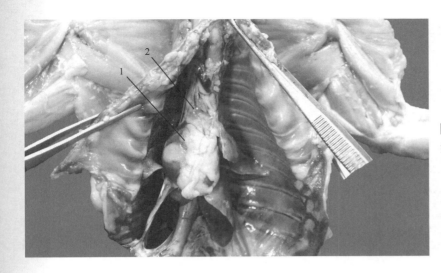

图 8-1　胸腺
1—心脏；2—胸腺

二、周围免疫器官 ▪▪▪▪

周围免疫器官包括扁桃体、淋巴结、脾脏。

1.扁桃体

扁桃体是一对位于扁桃体窝内呈扁卵圆形的淋巴器官，包括舌扁桃体、腭扁桃体和咽扁桃体，有输出管到达附近的淋巴结，没有输入管。

2.淋巴结

淋巴结呈豆状、片状、球形。全身淋巴结较多，常见的有位于下颌间隙皮下的下颌淋巴结、肩关节前部的肩前（颈浅）淋巴结、肩关节稍后方的腋淋巴结、髋结节和膝关节之间的股前淋巴结、股阔筋膜张肌前方的膝上淋巴结（又称髂下淋巴结）、耻骨肌与缝匠肌之间的腹股沟淋巴结。

消化道的淋巴结主要由位于十二指肠、空肠的孤立淋巴结，回肠、盲肠、结肠和直肠的集合淋巴结组成，发挥肠道免疫功能。

淋巴结解剖结构见图8-2、图8-3。

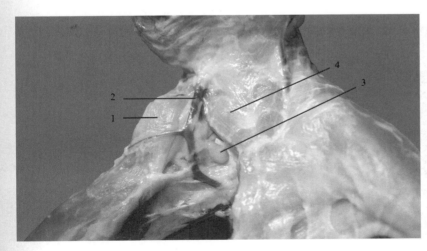

图8-2　肩前淋巴结

1—颈静脉；

2—臂头肌；

3—肩前淋巴结；

4—胸头肌

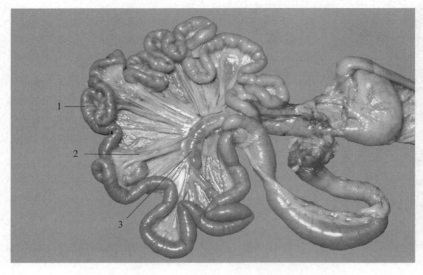

图8-3 肠系膜淋巴结
1—空肠；
2—肠系膜；
3—淋巴结

　　淋巴结组织结构中被膜由较致密的结缔组织组成，可见粉红色索状结缔组织自被膜伸到实质内，形成小梁，它们构成实质的粗的网架结构。小梁粗细不等，在切片中可被切成长条形、圆形、椭圆形，或分枝状。小梁内可见血管断面。

　　淋巴结组织结构中皮质分为浅层皮质和深层皮质。浅层皮质由淋巴小结和淋巴小结之间弥散淋巴组织构成。淋巴小结位于浅层皮质，是由密集的B细胞构成的球形结构，多呈单层分布。小结中央着色较浅，称生发中心，其分为暗区、明区和明区顶端覆盖有一半月形小淋巴细胞层，染色深，称小结帽。深层皮质（胸腺依赖区）又称为副皮质区，为分布于皮质深层的弥散淋巴组织，以小淋巴细胞为主，呈弥散分布。皮质淋巴窦（皮窦）分布于被膜与淋巴组织之间（被膜下淋巴窦）和小梁与淋巴组织之间（小梁周窦）。星状内皮细胞支撑窦腔，许多巨噬细胞附着于内皮细胞上；淋巴在窦内缓慢流动，利于巨噬细胞清除抗原。

　　淋巴结组织结构中髓质由淋巴索（髓索）和髓质淋巴窦构成。髓索是由密集的淋巴组织构成的条索状结构，彼此相连。在切片中，淋巴索着深蓝紫色，粗细不等，形状不规则，可呈长条形或分枝状。淋巴索内亦可见血管断面。髓质淋巴窦（或称髓窦）明显可见，为走行于淋巴索之间和淋巴索与小梁之间的浅色区域，其形状迂曲，窦腔较宽。

　　淋巴结组织结构见图8-4～图8-10。

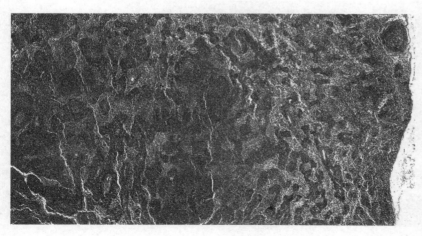

图8-4　下颌淋巴结1
　　　　（40倍）

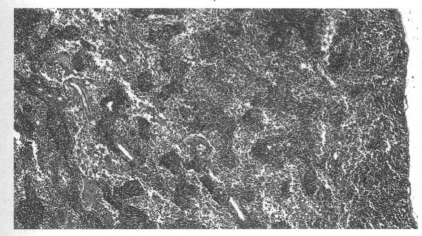

图8-5　下颌淋巴结2
（100倍）

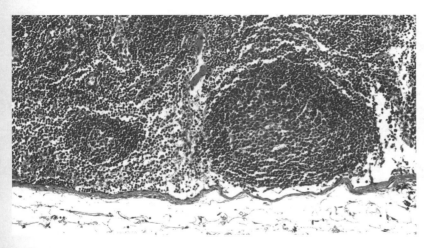

图8-6　下颌淋巴结3
（200倍）

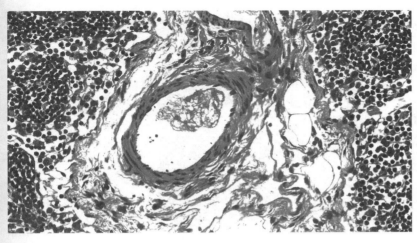

图8-7　下颌淋巴结4
（400倍）

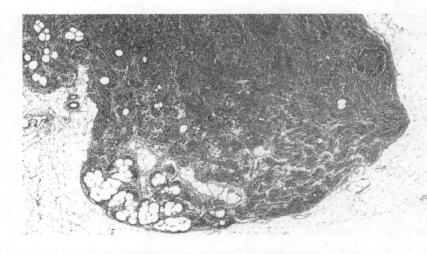

图8-8 肠系膜淋巴结1
（40倍）

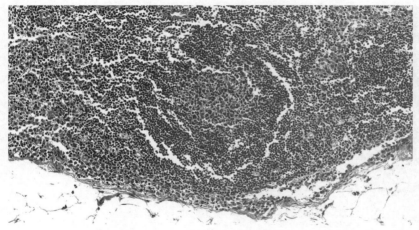

图8-9 肠系膜淋巴结2
（200倍）

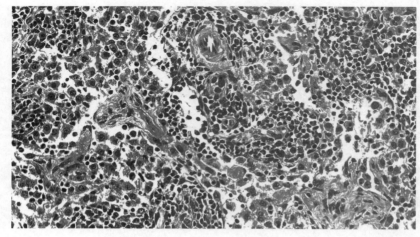

图8-10 肠系膜淋巴结
3（400倍）

3.脾脏

脾是体内最大的淋巴器官，表面覆盖结缔组织被膜，深入实质形成小梁，小梁内分布有血管。

脾组织结构实质比较柔软，分为白髓、边缘区和红髓。白髓是淋巴细胞聚集之处，包括动脉周围淋巴鞘和脾小结。动脉周围淋巴鞘主要由T细胞沿中央小动脉呈鞘状分布形成，相当于淋巴结的皮质区。脾小结主要由B细胞构成，中央形成生发中心。红髓位于白髓周围，分为脾索和脾血窦。脾索为密集的淋巴细胞和网状结缔组织形成的条索状分支结构；脾血窦为迂曲的窦状毛细血管，其分支吻合成网。红髓与白髓之间的区域称为边缘区，分布有中央动脉分支，再循环淋巴细胞由此进入脾。

脾解剖结构见图8-11、图8-12。

脾组织结构见图8-13～图8-15。

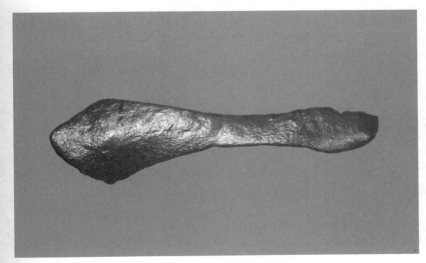

图8-11　脾壁面观

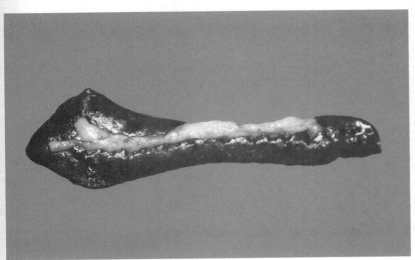

图8-12　脾脏面观

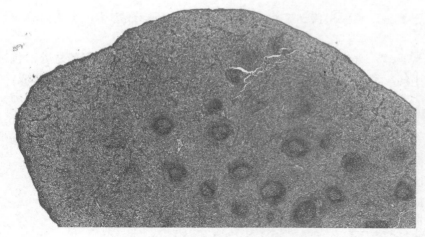

图 8-13　脾 1（20 倍）

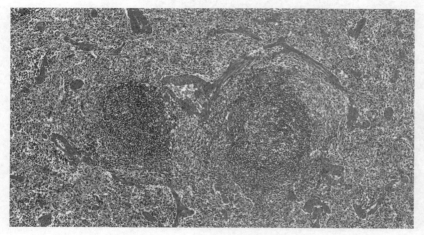

图 8-14　脾 2（200 倍）

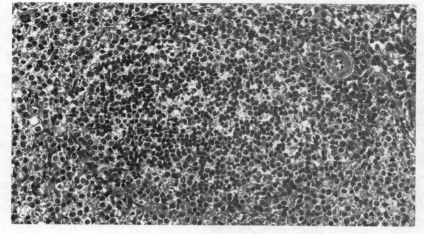

图 8-15　脾 3（400 倍）

第九章
神经系统与感觉器官

一、神经系统

神经系统具有感受、分析和整合机体内外环境的各种刺激，产生饥饿、饱、触觉、冷觉、温觉和痛觉等的感觉功能。高级中枢大脑皮质发出冲动，调节脑干和脊髓处的低级躯体运动中枢，控制和调节骨骼肌的运动功能。躯体运动神经支配骨骼肌，一般都受意识支配；植物性神经具有相对自主性，能自主地控制和皮肤的平滑肌、心脏、腺体及血管等内脏器官的活动。

动物遇到外界或内部刺激，通过神经的分析和综合机能，从而对刺激发出正确的反应，称为反射，神经反射是动物活动的基本方式。神经系统与内分泌系统共同发挥神经-内分泌作用，调节着机体各器官之间以及动物和外界环境之间的相互关系，使机体更加适应内外环境的各种变化。

神经系统分为中枢神经系统和周围神经系统。中枢神经系统包括脑和脊髓。脑由端脑、间脑、小脑和脑干构成，端脑包括大脑和嗅脑（又称嗅球）。周围神经系统分为脑神经、脊神经和植物性神经。

（一）中枢神经系统

中枢神经系统包括脑和脊髓；脑位于颅腔内，脊髓位于椎管内。脑为高级中枢，脊髓为低级中枢，二者形成各种反射弧的中枢部分，是机体神经系统的主体。功能为传递、储存和加工信息，产生各种思维活动，支配和控制动物的各种行为。

1.脑

猫的脑由端脑、间脑、中脑、脑桥、延髓和小脑构成，较小，位于颅腔内。脑各部内的腔隙称脑室，分别是侧脑室、第三脑室、中脑导水管和第四脑室，脑室内充满脑脊液。

（1）端脑　端脑包括大脑和嗅脑，端脑半球皮质发达，表面形成脑沟、脑回和海马。纹状体较发达，高度分化，为重要的运动整合中枢，支配性行为、防御、觅食及求偶等本能活动。胼胝体发达。

（2）间脑　位于中脑前方，分为背侧丘脑、后丘脑、上丘脑、底丘脑和下丘脑五个部分。丘脑周围的矢状腔隙为经室间孔与侧脑室相通的第三脑室，向后通中脑导水管。

（3）中脑　中脑位于间脑与脑桥之间，背侧有发达的四叠体，为发生视、听反射运动及姿势反射等的皮层下的中枢。

（4）脑桥　脑桥位于延髓前方，腹部膨大形成脑桥基部，基部向两侧缩窄形成脑桥臂，后方与小脑相连。基部外侧发出三叉神经、外展神经、面神经和位听神经。

（5）延髓　位于脑的最后部，腹侧较宽，前接脑桥，在枕骨大孔处与脊髓相接；背侧形成菱形窝，与其上的小脑一起形成第四脑室，第四脑室向前通中脑导水管，向后通脊髓中央管。延髓控制呼吸、心跳、消化等生命活动。

（6）小脑　位于大脑半球后、脑桥与延髓上方，横跨在中脑和延髓之间，呈不规则半球形，由胚胎早期的菱脑分化形成，与大脑、脑干和脊髓形成丰富的联系，参与调节躯体平衡、肌紧张及随意运动。

脑和脊髓外表面覆盖的三层结缔组织膜为脑脊膜，外层为厚而坚韧的硬膜，中层为薄而透明的蛛网膜，无血管分布，内层为紧贴于脑和脊髓表面、有丰富的血管分布的软膜。

临床外科手术进行硬膜外麻醉时，阻断脊神经的传导。高位注射部位在荐椎与腰椎间隙，低位注射部位选在荐椎与第三尾椎之间三个间隙的任何一个间隙均可。

2.脊髓（spinal cord）

位于椎管内，较长，由延髓延续到尾部的综尾骨。两旁发出成对的神经，分布到四肢、体壁和内脏，在颈胸部和腰荐部分别形成颈膨大和腰荐膨大。脊髓是许多简单反射的中枢。

中枢神经系统各器官解剖结构见图9-1～图9-4。

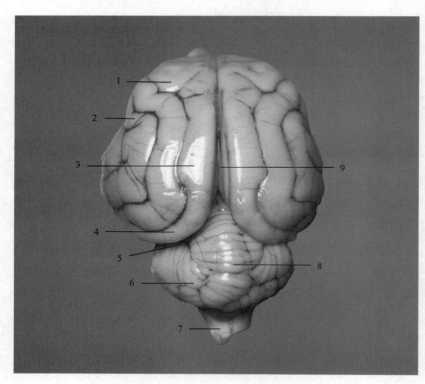

图9-1　脑背侧观

1—大脑额叶；

2—颞叶；

3—顶叶；

4—枕叶；

5—大脑横裂；

6—小脑半球；

7—脊髓；

8—小脑蚓部；

9—大脑纵裂

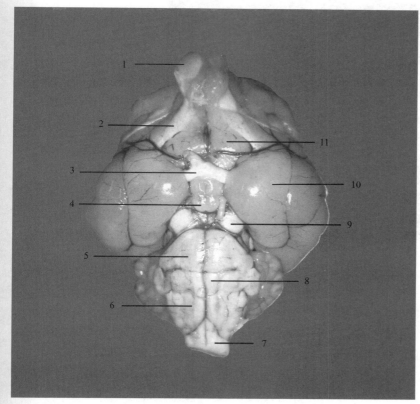

图9-2 脑腹侧观

1—嗅球；2—嗅束；
3—视神经；4—乳头体；
5—脑桥；6—延髓；
7—脊髓；8—斜方体；
9—大脑脚；10—梨状
叶；11—嗅三角

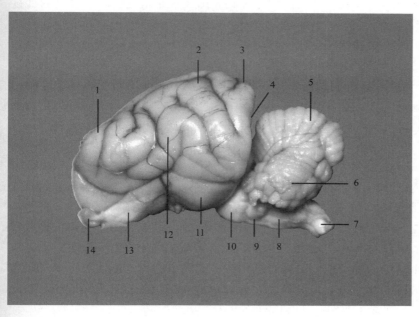

图9-3 脑左侧观

1—大脑额叶；2—顶叶；
3—枕叶；4—大脑横裂；
5—心蚓部；6—小脑半
球；7—脊髓；8—延髓；
9—斜方体；10—脑桥；
11—梨状叶；12—颞叶；
13—嗅束；14—嗅球

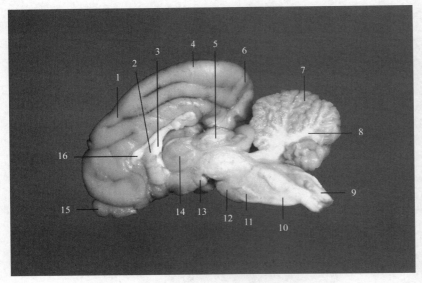

图9-4 脑剖面观

1—大脑额叶；2—透明膜；3—穹窿；4—顶叶；5—四叠体；6—枕叶；7—小脑；8—小脑树；9—脊髓；10—延髓；11—斜方体；12—脑桥；13—乳头体；14—丘脑；15—嗅球；16—胼胝体

中枢神经系统神经胶质细胞包括星形胶质细胞、少突胶质细胞、小胶质细胞和室管膜细胞。周围神经系统的神经胶质细胞有两种，即Schwann细胞和卫星细胞。

神经纤维可分有髓神经纤维和无髓神经纤维。中枢神经系统的有髓神经纤维的髓鞘由少突胶质细胞突起末端的扁平薄膜包卷轴突而形成；一个少突胶质细胞有多个突起可分别包卷多个轴突；中枢有髓神经纤维的外表面没有基膜包裹，髓鞘内无施-兰切迹。

周围神经系统的无髓神经纤维由较细的轴突和包在它外面的Schwann细胞组成；Schwann细胞沿轴突一个接一个地连接成连续的鞘，但不形成髓鞘，无郎氏结；一个Schwann细胞可包裹许多条轴突；Schwann细胞外面也有基膜。中枢神经系统的无髓神经纤维的轴突外面没有任何鞘膜，为裸露的轴突，因无髓鞘和郎飞氏结，其冲动沿轴突膜连续传导，速度比有髓神经纤维慢得多。

大脑皮质从表面到深层一般可分6层。① 分子层：神经元小而少，主要是水平细胞和星形细胞，还有许多与皮质表面平行的神经纤维。② 外颗粒层：主要由许多星形细胞和少量小型锥体细胞构成。③ 外锥体细胞层：较厚，由许多中、小型锥体细胞和星形细胞组成。④ 内颗粒层：细胞密集，多数是星形细胞。⑤ 内锥体细胞层：主要由中型和大型锥体细胞组成，在中央前回运动区，有巨大锥体细胞。⑥ 多形细胞层：以梭形细胞为主，还有锥体细胞和颗粒细胞。

小脑表面软脑膜为一薄层结缔组织，内含小血管，下为皮质。皮质分三层。① 分子层：表面浅粉色，主要为联合神经元，可见着色深的细胞排列疏松，细胞间大部分为粉红色的神经纤维。② 蒲肯野氏细胞层：又称梨形细胞层，介于分子层与颗粒层之间，其胞体比较有规则地排列成一层。蒲肯野细胞是小脑中最大的神经元，该细胞体呈梨形，染色较深、核大，核仁明显（胞质含尼氏体），顶端伸出多个突起，底部伸出一细长轴突，离开皮质进入小脑髓质，终止于其中的神经核；蒲肯野细胞的主树突自胞体顶端伸出走向皮质表面，反复分支呈柏树叶状伸入分子层。③ 颗粒层：颗粒细胞质少，核相对大而明显，故此层可见密集的深染细胞核，细胞之间神经纤维相对较少。

脊髓横切面由中央的蝶形灰质和周围的白质组成。　灰质分前角、后角和侧角（侧角主要见于胸腰段脊髓）。前角内大多是躯体运动神经元，大者称α神经元，小者称γ神经元，还有一种短轴突的小神经元称Ranshaw细胞，侧角内的神经元是交感神经系统的节前神经元。脊髓灰质内还遍布许多中间神经元。

脑脊膜是包在脑和脊髓外面的结缔组织膜，由外向内包括硬膜、蛛网膜和软膜。

脉络丛分布于第Ⅲ、Ⅳ脑室顶和部分侧脑室壁，为由富含血管的软膜与室管膜直接相贴并进入脑室而成的皱襞状结构，室管膜则成为有分泌功能的脉络丛上皮。

中枢神经系统各器官组织结构见图9-5～图9-29。

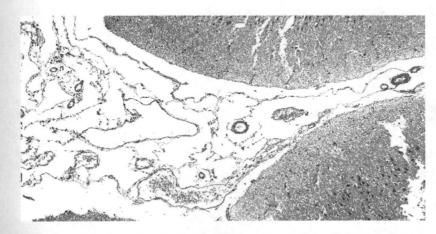

图9-5　额叶1（100倍）

图9-6　额叶2（100倍）

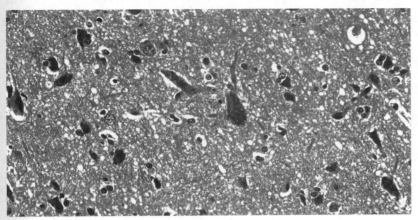

图9-7　额叶3（400倍）

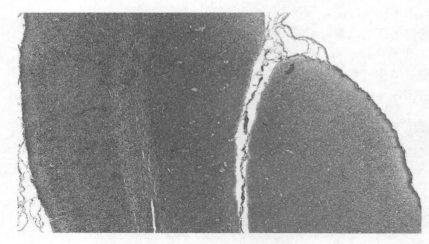

图9-8　枕叶1（30倍）

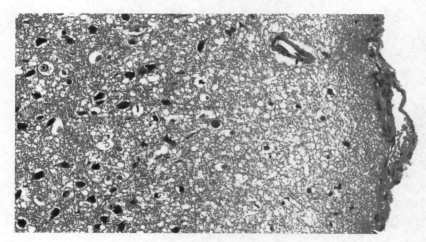

图9-9　枕叶2（400倍）

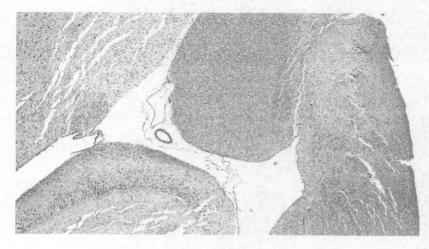

图9-10　海马1（40倍）

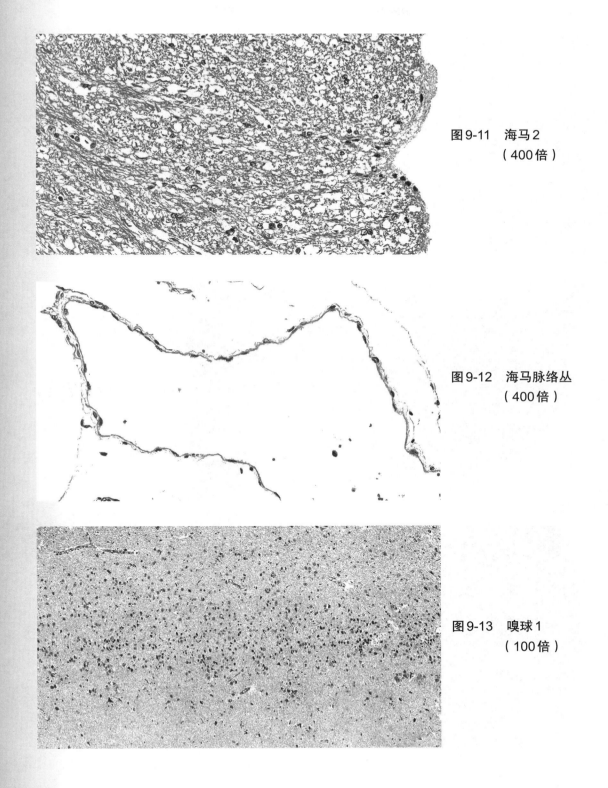

图 9-11　海马 2
（400 倍）

图 9-12　海马脉络丛
（400 倍）

图 9-13　嗅球 1
（100 倍）

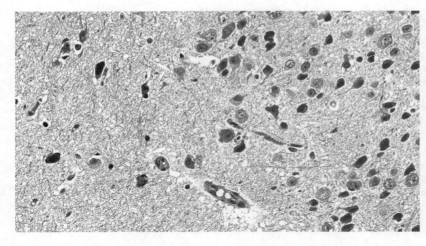

图9-14　嗅球2
（400倍）

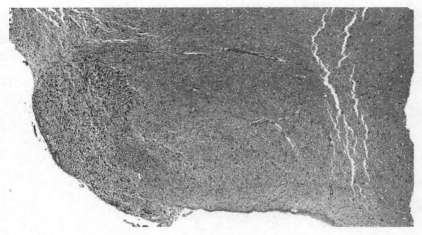

图9-15　丘脑1（70倍）

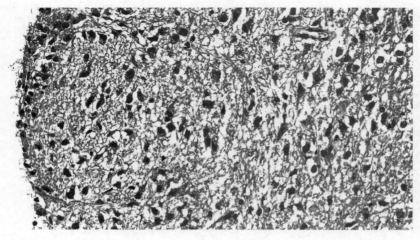

图9-16　丘脑2
（400倍）

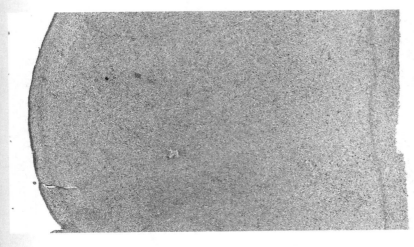

图9-17 下丘脑1
（30倍）

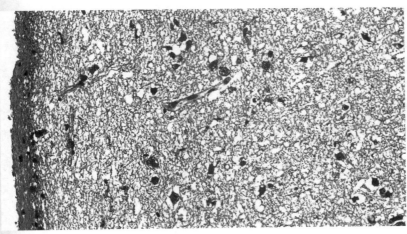

图9-18 下丘脑2
（400倍）

图9-19 中脑1（40倍）

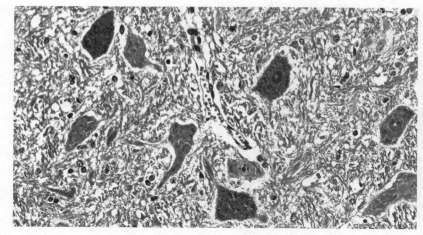

图9-20 中脑2
（400倍）

图9-21 脑桥1
（400倍）

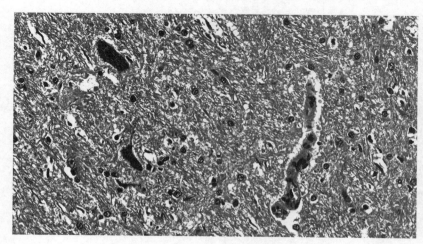

图9-22 脑桥2
（400倍）

图 9-23　前丘（40 倍）

图 9-24　后丘（40 倍）

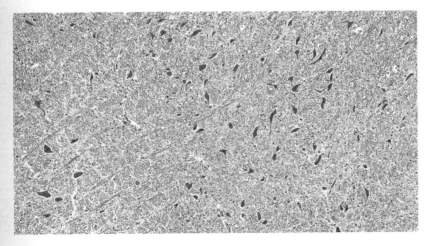

图 9-25　延髓 1
（100 倍）

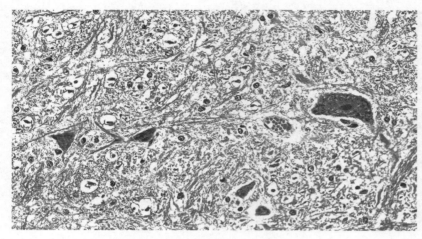

图9-26　延髓2
（400倍）

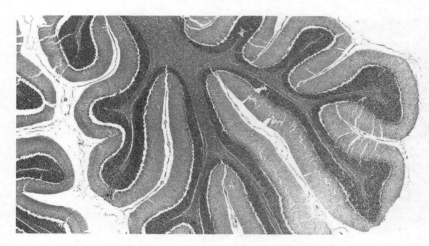

图9-27　小脑1（20倍）

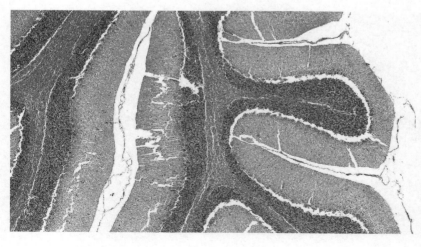

图9-28　小脑2（40倍）

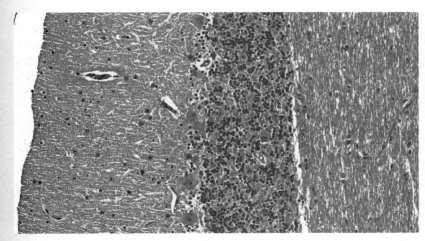

图9-29 小脑3
（200倍）

（二）外周神经

1.脑神经

猫的脑神经有12对，分别是嗅神经、视神经、动眼神经、滑车神经、三叉神经、展神经、面神经、听神经、舌咽神经、迷走神经、副神经和舌下神经。舌咽神经有舌支、喉咽支和食管降支三个主要分支。食管降支与颈静脉伴行，分布于食管和气管。副神经与迷走神经汇合。舌下神经有较细的分布于舌骨的舌支和分布于气管肌的气管支。

2.脊神经

猫的脊神经有38对或39对。包括颈神经8对、胸神经13对、腰神经7对、荐神经和荐神经丛共3对、尾神经7对或8对。其中，颈胸部第13～16对脊神经的腹侧支构成臂神经丛，经锁骨、第一肋骨和肩胛骨形成的三角形间隙发出分支，分布于前肢和胸部肌肉。腰荐部的第23～30对脊神经的腹侧支构成腰荐神经丛，分布于腰荐骨和髂骨两侧。腰部脊神经丛形成坐骨神经，通过坐骨孔伸延至后肢肌肉和盆部器官。

3.自主神经系统

由交感神经和副交感神经构成，又称植物性神经系统。分布于内脏器官、血管和皮肤的平滑肌、心肌及腺体等处，因此也称为内脏神经。交感神经包括颈部、胸部和腹部的交感神经；副交感神经系统是植物神经系统的第二部分，其功能是扩张血管、刺激唾液和胃液的分泌、促进胃和小肠的蠕动等。

外周主要神经解剖结构见图9-30～图9-38。

肩胛上神经组织结构如下。

① 横断面：在外面包被的结缔组织为神经外膜，横断面上有数个较大的圆形结构，大小不等，为神经束，在神经束外围的结缔组织叫神经束膜，它由1～2层扁平细胞组成，束内这些密集的小圆环为神经纤维的横断面，神经纤维之间的少量结缔组织为神经内膜。

② 纵断面：神经是由大量神经纤维平行排列聚集而成，神经纤维粗细不等，在最外面包被的结缔组织为神经外膜，神经内包被每条神经纤维的少量结缔组织为神经内膜。施万细胞最外面的一层细胞膜与基膜一起称为神经膜。

肩胛上神经组织结构见图9-39、图9-40。

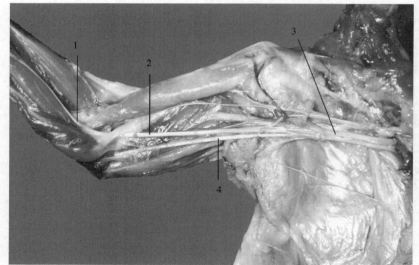

图 9-30　前肢神经

1,2—正中神经；

3—臂神经丛；

4—尺神经

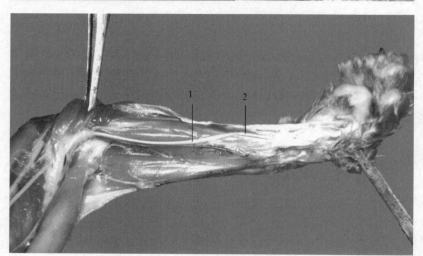

图 9-31　正中神经

1—正中神经；

2—掌内侧神经

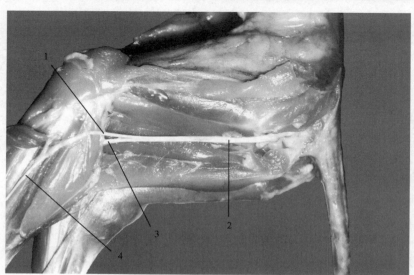

图 9-32　左后肢神经

1—腓总神经；

2—坐骨神经；

3—胫神经；

4—腓浅神经

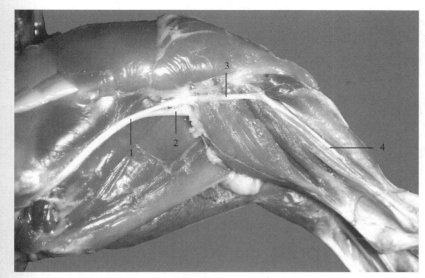

图9-33 右后肢神经

1—坐骨神经；

2—胫神经；

3—腓总神经；

4—腓浅神经

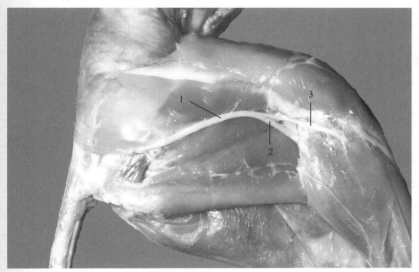

图9-34 坐骨神经1

1—坐骨神经；

2—胫神经；

3—腓总神经

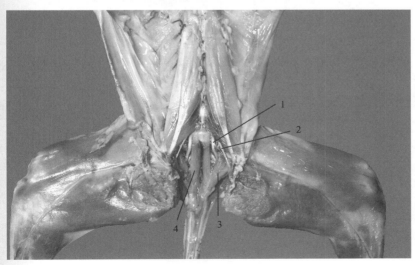

图9-35 坐骨神经2

1—坐骨神经；

2—闭孔神经；

3—闭孔外肌；

4—闭孔内肌

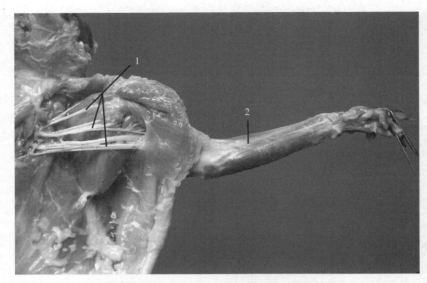

图9-36　臂神经丛1

1—臂神经丛；2—前肢

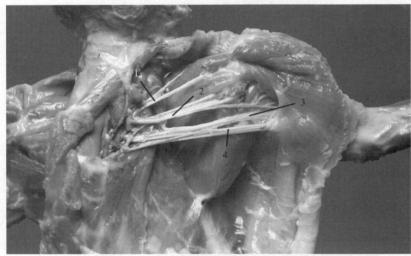

图9-37　臂神经丛2

1—肩甲上神经；

2—肩胛下神经；

3—正中神经；

4—腋神经

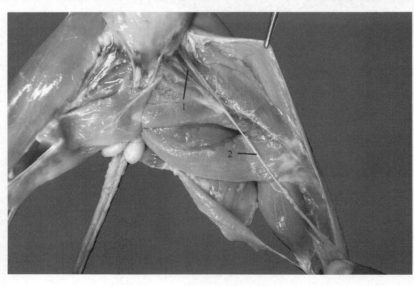

图9-38　股静脉与腓总
　　　　神经

1—股静脉；2—腓总神经

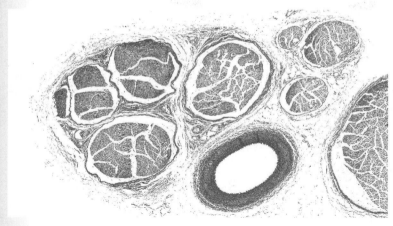

图9-39　肩胛上神经横断面（50倍）

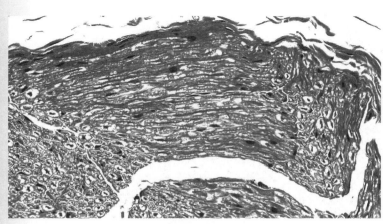

图9-40　肩胛上神经纵断面（400倍）

二、感觉器官

（一）视觉器官

视觉器官为眼，由眼球、视神经和辅助器官组成。

1.眼球

较大而圆，分为眼球壁和内容物两部分。

眼球壁包括3层，由内至外依次为视网膜、血管膜和纤维膜。视网膜较厚，无血管分布。视网膜后部分布有梭形的梳状体，伸入玻璃体内的毛状突。血管膜又称色素膜，含丰富的血管、神经和色素，呈棕黑色。血管膜由后至前分为脉络膜（后2/3）、睫状体和虹膜。纤维膜分为后方的巩膜（后5/6）和前方的角膜（前1/6）。

2.辅助器官

眼的附属器包括眼眶、眼睑、结膜、泪器和眼外肌。

视觉器官解剖结构见图9-41～图9-47。

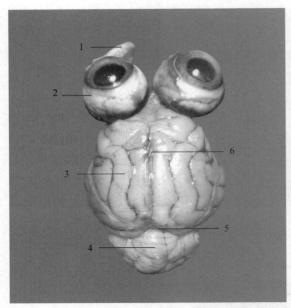

图9-41　眼与脑背侧观
1—泪腺；2—眼球；3—
大脑半球；4—小脑；5—
大脑横裂；6—大脑纵裂

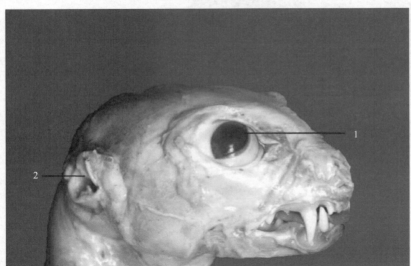

图9-42　头部右侧观
1—眼；2—耳

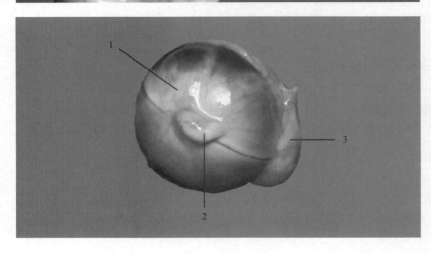

图9-43　视神经
1—眼球；2—视神经；
3—泪腺

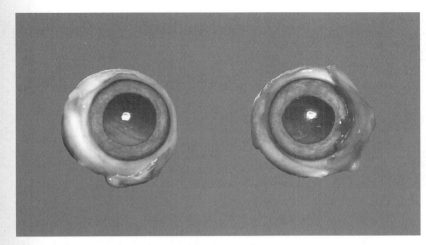

图 9-44　眼球

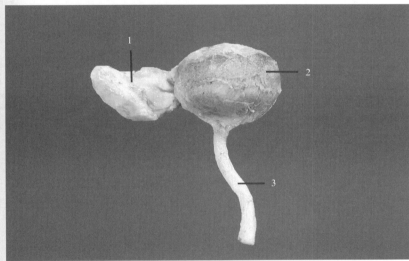

图 9-45　眼与视神经
1—泪腺；2—眼球；
3—视神经

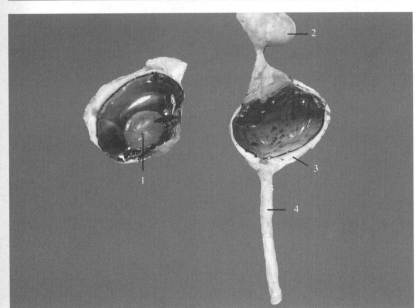

图 9-46　眼剖面观
1—晶状体；2—泪腺；
3—眼球壁；4—视神经

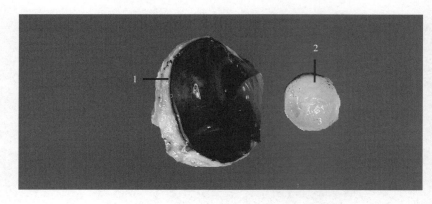

图9-47　晶状体
1—眼球壁；2—晶状体

（二）听觉器官

猫的听觉器官为耳，内耳中有特殊分化的神经细胞，把声能转换为神经冲动，传递至听觉中枢。

1.耳

分为外耳、中耳和内耳。

（1）外耳　外耳由耳郭和外耳道构成。耳郭负责收集声波，并判断声音来源。外耳道位于耳郭中心与鼓膜之间，起加强声波振动、共鸣、振动鼓膜的作用。

（2）中耳　中耳位于颞骨岩部，包括鼓室、咽鼓管、鼓窦、乳突及乳突小房，经腔内一些小孔通向颅骨内的气腔。有耳柱骨与前庭窗相连。

（3）内耳　内耳位于鼓室与内耳道底之间，含有骨迷路和膜迷路。

骨迷路从后外上至前内下分为骨半规管、前庭和耳蜗三部分。膜迷路是封闭的膜性囊，覆盖在骨迷路上，内充满内淋巴液。

2.听觉中枢

猫的听觉中枢由低至高分别是延髓的耳蜗核、上橄榄核、四叠体的后丘（听丘）、丘脑的内侧膝状体、大脑听皮层。

听觉器官解剖结构见图9-48、图9-49。

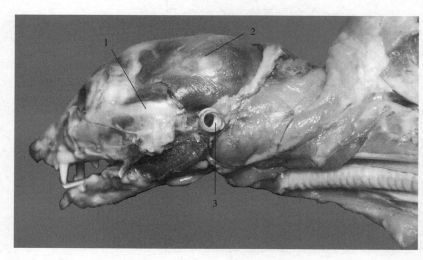

图9-48　耳孔
1—颞骨；
2—颞肌；
3—耳孔

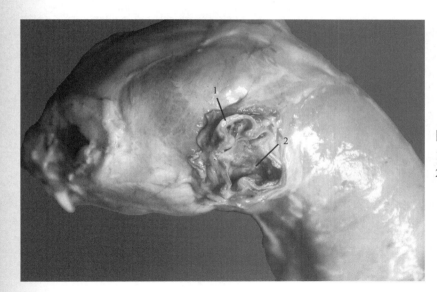

图9-49　耳
1—耳郭软骨；
2—外耳道

第十章
■ 内 分 泌 系 统 ■

内分泌腺主要包括松果体、垂体、甲状腺及肾上腺等。内分泌系统分泌的物质统称为激素。弥散入血，由血液循环运输到机体其他组织，对机体生命活动起重要的调节作用。激素的量小、特异性强、作用广泛，对身体的影响很大，如分泌过多或过少，都会产生疾病。内分泌系统功能为维持内环境稳定、调节机体新陈代谢活动、促进细胞分化成熟和生长发育、调控生殖器官生长发育和生殖活动。

一、松果体 ■■■■

位于大脑与小脑横裂深处四叠体前上方的松果体隐窝内，呈红褐色豆状小突起，由细柄与第三脑室顶相连，又称松果腺和蜂蜜脑上腺。

松果体表面被以由软脑膜延续而来的结缔组织被膜，被膜随血管伸入实质内，将实质分为许多不规则腺小叶，松果体实质主要由松果体细胞、神经胶质细胞和神经纤维等构成。

松果体功能为感受光的信号并作出反应。松果体细胞内含有丰富的5-羟色胺，经特殊酶的催化转变为褪黑激素，调节动物兴奋性。褪黑激素的分泌受到光照的调控，当强光照射时，褪黑激素分泌减少；在暗光下褪黑激素分泌增加。另外，松果体通过调节褪黑激素的昼夜分泌变化向中枢神经系统发放"时间信号"，转而引发若干与时间或年龄有关的"生物钟"现象，进而调控生物钟。松果体能合成促性腺激素释放激素（GnRH）、促甲状腺激素释放激素（TRH）及8精-（氨酸）催产素等肽类激素，调节性发育和性成熟。

松果体解剖结构见图10-1、图10-2。

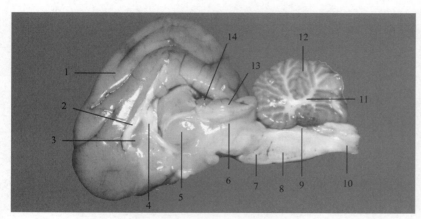

图10-1　松果体1

1—大脑；2—胼胝体；
3—透明膈；4—穹窿；
5—丘脑；
6—中脑导水管；
7—脑桥；8—延髓；
9—第四脑室；
10—脊髓；11—小脑树；
12—小脑；13—四叠体；
14—松果体

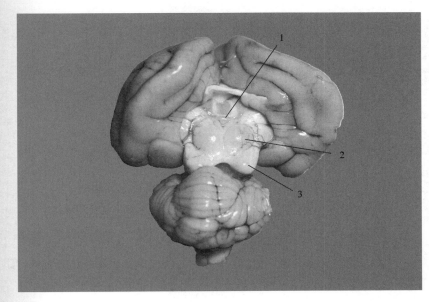

图10-2 松果体2
1—松果体；2—视丘；
3—听丘

二、垂体

位于丘脑下部蝶骨底的蝶鞍内的垂体窝里，外包坚韧的硬脑膜，为一卵圆形小体。是机体内最复杂的内分泌腺体，分泌的激素与身体骨骼、软组织、内分泌腺的生长和分泌活动密切相关。

垂体包括腺垂体和神经垂体两大部分，腺垂体较大，由远侧部和结节部组成，有分泌功能。神经垂体由漏斗柄、正中隆起和神经叶组成，较小，无分泌功能。结节部与漏斗柄共同形成垂体柄，将垂体与间脑相连。

垂体分泌多种激素，如生长激素、促甲状腺激素、促肾上腺皮质激素、促性腺素、催乳素、黑色细胞刺激素等，并贮藏、释放下丘脑视上核和室旁核分泌的抗利尿素（ADH）和催产素（OT），对发育、性成熟、代谢、生长和繁殖等有重要作用。

（一）腺垂体

垂体前叶的远侧部、结节部和中间部形成腺垂体，分泌促甲状腺激素、促肾上腺皮质激素、促黄体生成激素、促卵泡成熟激素、催乳素、生长激素、促黑激素、促脂解素及内啡肽等。

（二）神经垂体

垂体后叶的神经部和漏斗部形成神经垂体，暂时贮存视上核分泌的加压素和室旁核分泌的催产素。加压素又称抗利尿激素，能减少泌尿、升高血压；催产素刺激输卵管平滑肌收缩、排卵和子宫收缩。

垂体解剖结构见图10-3。

垂体组织结构见图10-4、图10-5。

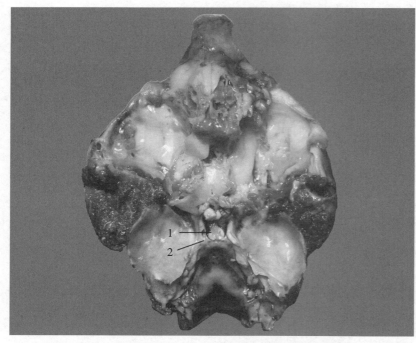

图10-3 垂体1
1—垂体；2—垂体窝

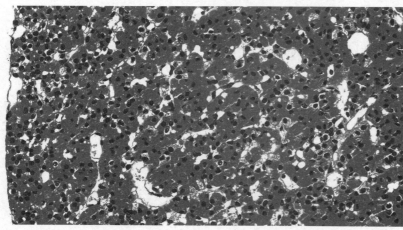

图10-4 垂体2
（400倍）

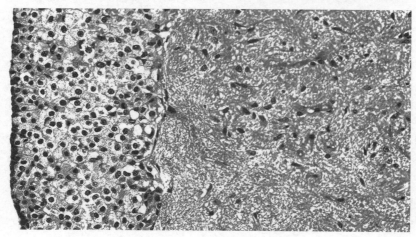

图10-5 垂体3
（400倍）

三、甲状腺与甲状旁腺 ▪▪▪▪

猫的甲状腺位于气管与食管的两侧，由两个侧叶和一个中叶组成，每个侧叶长约2cm，宽约0.5cm。

甲状腺表面有一薄层疏松结缔组织所形成的被膜，结缔组织随血管伸入腺实质，将其分成界限不清、大小不等的腺小叶。腺小叶主要由球形、椭圆形或不规则形的大小不等的滤泡构成，滤泡壁由单层立方上皮细胞围成。滤泡腔内充满均质状的嗜酸性胶体，它是滤泡上皮细胞的分泌物，其主要成分为甲状腺球蛋白。在滤泡周围有基膜和少量的结缔组织，其中有丰富的毛细血管和淋巴管。滤泡上皮细胞的核圆形，位于细胞的中央，胞质嗜酸性。电镜下观察，胞质内含有线粒体、粗面内质网、高尔基复合体、溶酶体和分泌小泡。细胞游离面有少量微绒毛，基底面有很薄的基膜。滤泡和上皮细胞的形态随着机能状态不同而异。甲状腺机能活跃或亢进时，细胞增高呈柱状，重吸收胶体，因而滤泡腔内胶体减少，镜检时胶体内常出现大小不等的空泡；当机能不活跃或低下时，细胞变低呈扁平形，滤泡腔内胶体增多。

滤泡旁细胞又称C细胞或亮细胞，常单个嵌在滤泡上皮细胞与基膜之间或成群地分布于滤泡间质中。滤泡旁细胞比滤泡上皮细胞稍大，其游离面常被邻近的滤泡上皮遮盖，不与滤泡腔接触。胞质染色淡，核大而圆，用银染法可见胞质内有许多棕黑色的嗜银颗粒。滤泡旁细胞可分泌降钙素（一种多肽激素），能增强成骨细胞的活动，抑制破骨细胞对骨盐的溶解，降低血钙。

甲状腺的大小与功能状态因年龄、性别、季节及温度等因素而不同。功能为分泌甲状腺激素，促进新陈代谢，增加组织耗氧量和产热量；促进长骨、脑和生殖器官生长发育，幼年时甲状腺激素缺乏会导致呆小症；提高神经兴奋性；调节机体钙代谢；此外还有升高心率、加强心肌收缩及增加心输出量等作用。

猫的甲状旁腺很小，近似球形，位于甲状腺前背面，呈黄色，全重量为0.5～2.8g。甲状旁腺表面覆有薄层的结缔组织被膜。被膜内含有血管、神经、淋巴管，进入腺体实质内，形成小梁，将甲状旁腺分为不完全的腺小叶。小叶内实质细胞排列成索或团状，其间分布有少量结缔组织和丰富的毛细血管。甲状旁腺主要分泌甲状旁腺素，靶器官是骨和肾，功能为调节钙的代谢，维持血钙平衡（主要使骨钙释出入血，再由肾排出进行调节血钙平衡）。甲状旁腺素分泌不足时可引起血钙下降，出现手足搐搦症；功能亢进时则引起骨质过度吸收，使骨变脆，容易发生骨折。

甲状腺解剖结构见图10-6、图10-7。

甲状腺组织结构见图10-8、图10-9。

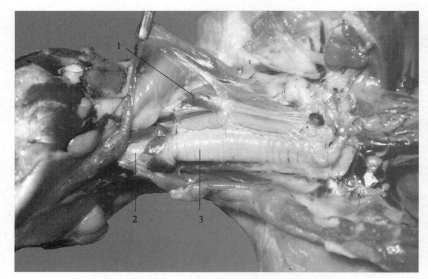

图 10-6　甲状腺 1
1—甲状腺；2—喉；
3—气管

图 10-7　甲状腺 2
1—胸骨甲状舌骨肌；
2—甲状腺；3—气管

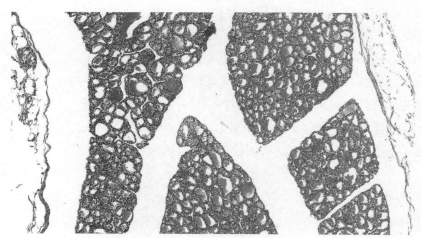

图 10-8　甲状腺 3
　　　　（100 倍）

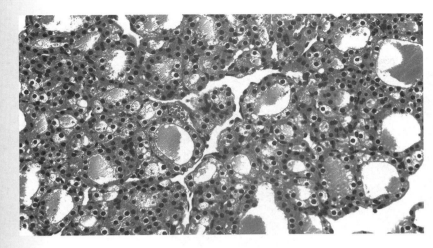

图10-9　甲状腺4
（400倍）

四、肾上腺

肾上腺成对分布于肾的前端内侧、肝的后方，靠近腹腔动脉及腹腔神经节，左右各一，呈浅黄色、不规则的卵圆形或三角形，长约1cm，重量为0.3～0.7g，常被脂肪包埋。

肾上腺组织结构由肾筋膜、脂肪组织、皮质和髓质构成。肾上腺皮质从外向内可分为球状带、束状带和网状带。球状带细胞分泌的盐皮质激素，以调节水盐代谢为主；束状带细胞分泌的糖皮质激素，以调节体内的糖代谢为主；网状带细胞分泌的是性激素和雌激素。因此，皮质分泌的皮质激素，调节体内蛋白质、脂肪及碳水化合物等的代谢。皮质功能丧失，猫很快会死亡。髓质分泌肾上腺素，促进心血管系统的活动，升高血糖含量，抑制内脏平滑肌活动。肾上腺髓质分泌的肾上腺素和去甲肾上腺素，与交感神经兴奋时的作用相近，能使心跳加强加快、外周血管收缩、血压升高等。

肾上腺解剖结构见图10-10。

肾上腺组织结构见图10-11～图10-13。

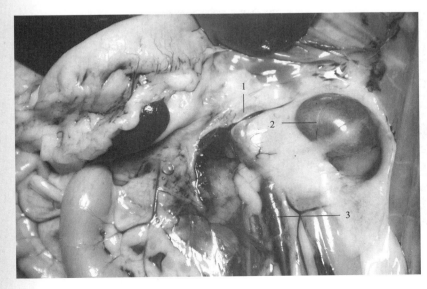

图10-10　肾上腺1
1—肾上腺；2—肾；
3—后腔静脉

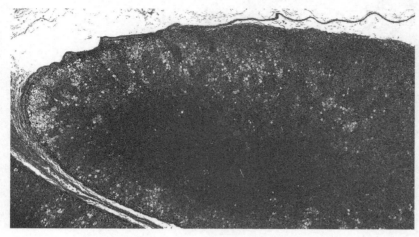

图 10-11　肾上腺 2
（50 倍）

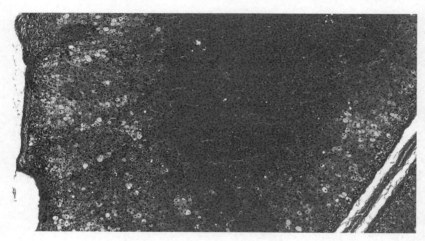

图 10-12　肾上腺 3
（100 倍）

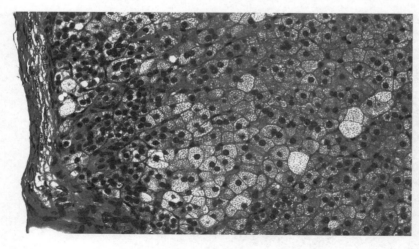

图 10-13　肾上腺 4
（400 倍）

参考文献

[1]　雷治海等.动物解剖学.北京：科学出版社，2015年.

[2]　陈耀星等.动物解剖学彩色图谱.北京：中国农业出版社，2013.

[3]　雷治海.动物解剖学实验教程.北京：中国农业大学出版社，2006.

[4]　李健等.犬解剖组织彩色图谱.北京：化学工业出版社，2014.

[5]　郭光文等.人体解剖彩色图谱.第二版.北京：人民卫生出版社，2008.

[6]　马仲华.家畜解剖学及组织胚胎学.第三版.北京：中国农业出版社，2010.

[7]　杨倩.动物组织学与胚胎学.北京：中国农业大学出版社，2008.

[8]　高英茂.组织学与胚胎学.北京：科学出版社，2005.

[9]　成令忠等.组织学彩色图鉴.北京：人民卫生出版社，2000.

[10]　雷亚宁.实用组织学与胚胎学.杭州：浙江大学出版社，2005.

[11]　李健等.动物解剖组织学.北京：化学工业出版社，2015.